核电站大体积混凝土裂缝控制及施工技术

张心斌　陈李华　张　忠　程大业　著

U0283556

中国建材工业出版社

图书在版编目（CIP）数据

核电站大体积混凝土裂缝控制及施工技术／张心斌，陈李华，张忠，程大业著．—北京：中国建材工业出版社，2014.11

ISBN 978-7-5160-0953-6

Ⅰ.①核… Ⅱ.①张… ②陈… ③张… ④程… Ⅲ.①核电站－混凝土结构－建筑物－裂缝－控制 Ⅳ.①TU271.5

中国版本图书馆 CIP 数据核字（2014）第 193478 号

核电站大体积混凝土裂缝控制及施工技术

张心斌　陈李华　张　忠　程大业　著

出版发行：中国建材工业出版社

地　　址：北京市海淀区三里河路 1 号

邮　　编：100044

经　　销：全国各地新华书店

印　　刷：北京雁林吉兆印刷有限公司

开　　本：710mm×1000mm　1/16

印　　张：16

字　　数：298 千字

版　　次：2014 年 11 月第 1 版

印　　次：2014 年 11 月第 1 次

定　　价：**129.80 元**

本社网址：www.jccbs.com.cn　　公众微信号：zgjcgycbs

本书如出现印装质量问题，由我社发行部负责调换。联系电话：(010) 88386906

序

中国目前已建成和正在建造的核电站基础及上部主要结构混凝土强度都基本超过 C55，个别堆型混凝土强度达到 C70。只有采用美国技术的 AP1000 基础混凝土采用 C40 强度。中国目前的核电站主要分布在沿海地区，不同地区混凝土所用的水泥量差距很大，有的核电站每 $1m^3$ 混凝土的水泥用量 410kg，有的核电站每 $1m^3$ 混凝土的水泥最低用量 250kg。由于核电站分布区域广泛，从中国的南方炎热的防城港到北方寒冷的大连，不同季节混凝土施工的环境温度和湿度差距很大，有的地区施工时的环境温度达到 42℃，钢筋温度可达 50℃，而在北方地区施工的环境温度在几度左右。冬季施工时北方的风很大，干燥寒冷，而南方则闷热潮湿。气候环境的差异造成混凝土施工面临不同的情况，使控制混凝土裂缝非常困难，但核电站结构的特殊性又要求混凝土尽可能不产生裂缝。

核电站基础的质量要求非常的高，其重要功能是防止核泄漏以及对混凝土耐久性的需要，核电站基础位于地下水位以下，特别是沿海地区，海水容易渗透，因此对控制混凝土裂缝有极高的要求。由于混凝土所用的水泥用量大，强度高，因此混凝土施工过程中水化热非常大，混凝土温度非常高，同时温度上升得特别快，混凝土的水化收缩明显，尤其在南方地区。高的温度和大的收缩造成混凝土内部产生复杂的应力，混凝土在应力作用下，非常容易开裂，出现裂缝后修复处理非常困难。

我国早期建设的核电站全部遇到过这类问题，为了处理裂缝花费了大量的时间，严重影响了施工进度，国外核电站基础混凝土也面临着同样的问题，可以说高强混凝土裂缝控制问题已经成为一个世界性的难题。各国在建造核电站时都极为重视这一问题，为了解决这一问题花费了很高的代价，探讨了多种解决问题的方法，结果都不理想，特别是最近几年在欧洲建造的几个三代核电站基础中基础混凝土出现了大量的裂缝，处理非常困难，同时引发不好的社会影响。

我国从 2005 年开始核电建设，核电带来的经济效益有目共睹，解决核电站基础的混凝土裂缝控制技术迫在眉睫。从 2005 年起，中冶建筑研究总院与中国广东核电集团展开深度合作，通过理论研究和实验研究，基本掌握了混凝土裂缝产生的原因，形成了一套行之有效的技术体系，完全控制和避免了裂缝的产生，在目前在建的核电站中得到成功应用。

课题首先全面运用计算机仿真技术，对核电站高强混凝土的施工过程出现的水化特性进行模拟，分析了混凝土从浇筑开始 50d 左右的温度应力、水化收缩应力及底板约束力发生、发展的全过程，全面分析和研究了高强混凝土裂缝产生原因。通过对大体积混凝土施工养护的全过程分析，提出了混凝土养护的最新方法，这一课题的研究主要获得了以下创新及理论成果：

（1）对比研究了高强度混凝土和低强度等级混凝土抵抗温度收缩应力的规律，首次探索性地提出了较高强度混凝土具有更好的抗裂性能的观点。

（2）提出混凝土入模温度、最高温度不是裂缝产生的控制因素，突破了降低水泥用量以控制混凝土裂缝的传统思想，提出了水泥含量不是控制混凝土裂缝关键因素的思路，水泥用量可以根据工程需要进行调整，在所实施的一些工程中，水泥含量在 400kg/m³ 以上，到目前为止，所有实施的项目中未出现裂缝。

（3）通过计算机对混凝土水化过程的全过程仿真模拟和理论解析，提出了厚混凝土抗裂更为有效的观点，解除了大体积混凝土施工中人们对较大厚度混凝土更容易出现裂缝的疑虑。

（4）提出对混凝土进行全过程主动分析的思想，找到一条混凝土温度应力发生、发展的最佳途径，以使混凝土的温度应力按照设定的路径进行演变，从而有效控制应力、避免裂缝生成。

（5）提出和实施了以混凝土温度应力来平衡收缩应力以降低混凝土内的总体拉应力水平的方法，避免混凝土总拉应力大于混凝土同期抗拉强度，大大降低了混凝土裂缝出现的概率。

（6）提出了对混凝土进行"动态养护"的方法，传统的混凝土养护，仅仅简单地控制混凝土内外温度差，而完全忽视了混凝土的收缩应力，使得很多混凝土在养护过程中，在温度得到很好控制的情况下仍然出现裂缝。实际上混凝土水化反应时的收缩非常复杂，统筹考虑混凝土的温度应力和水化收缩应力是控制混凝土裂缝的最重要方法，本法有效地解决了这一问题。

（7）首次开发和运用了现场监测混凝土收缩应力的技术，对混凝土养护全过程中混凝土的收缩进行监控，以弹性受拉应变作为混凝土开裂控制指标。对多达 10 个核电站基础的大体积混凝土进行了应变、应力监控，首次在大体积混凝土中运用该技术并实际指导混凝土的养护，取得了非常好的效果。

课题以全新的视角研究了混凝土产生裂缝的主要原因，通过混凝土产生裂缝机理的研究，提出了一整套控制裂缝的理论与方法。这些理论和方法已经在10多个核电站得到运用，使用范围从南方（广西防城港）高温条件到北方（大连）零度条件，其研究成果已经转化为我国CPR1000核电站建造的施工标准，形成了成熟的应用技术，特别是在我国台山在建的EPR核电站中获得成功，该型核电站是目前世界上单机容量最大的第三代核电站。在法国和芬兰施工中，基础混凝土出现大量裂缝，处理非常困难。我国台山建造的两个同类型核电站基础一次性大体量施工全部获得成功，混凝土没有出现任何裂缝，赢得了我国核安全部门和法国同行的高度认同，经济和社会效益极其显著，被视为核电站高强度大体积混凝土施工的成功典范。

作者

2014 年 8 月

中国建材工业出版社
China Building Materials Press

我们提供

图书出版、图书广告宣传、企业/个人定向出版、设计业务、企业内刊等外包、代选代购图书、团体用书、会议、培训，其他深度合作等优质高效服务。

编辑部
010-88386119

宣传推广
010-68361706

出版咨询
010-68343948

图书销售
010-88386906

设计业务
010-68343948

邮箱：jccbs-zbs@163.com   网址：www.jccbs.com.cn

发展出版传媒　　服务经济建设
传播科技进步　　满足社会需求

前　　言

　　核电站基础是反应堆厂房主要支撑结构，一方面建于沿海地区的核电站易受到海水侵蚀，另一方面也是防止核泄露，为此对其施工裂缝控制要求很严。核电站基础混凝土浇筑量大、强度高、水化热大，核电特殊性能使得施工常规降低水化热措施无法使用，国内外一直采用分层分段小体量多次浇筑的施工方式，施工周期长并且均不可避免的出现了较多裂缝，处理裂缝对施工进度又造成了一定影响。随着核电市场的急剧扩张及减少施工层段数对总体工期缩短的明显有利作用，实施多层段合并为一次整体性浇筑，温度裂缝能否得到有效控制成为当前的一大尖锐课题。

　　本书在率先提出多层段合并整体浇筑可行性问题的基础上开展以有限单元法为理论基础的大体积混凝土温度及温度应力应变场分析和测试研究，试图揭示大体积混凝土温度应力发生、发展规律，为指导混凝土施工养护、裂缝控制提供基本理论依据。本书一方面基于理论分析与测试比较，通过编制有限元分析程序，建立和优化基础整体有限元模型，对整浇全程进行深入全面的仿真分析，研究了基础不同浇筑厚度、垫层不同滑动能力、不同养护方式及技术指标等对施工温度应力的影响，进一步优化了施工分层方案；另一方面本书还对混凝土的收缩进行了较全面的研究，研制了混凝土的无约束监测装置，对核电特定配合比混凝土的收缩进行监测和分析；除此之外本书还编制了核电大体积混凝土施工技术指南，为核电站基础整体浇筑施工提供广泛参考。

　　本书提出的"动态设计养护法"为大体积混凝土施工裂缝控制问题的一般处理思路和方法，为科学制定和优化设计施工方案提供基本依据。实践表明，本研究方法进行的理论分析及其指导下的大体积混凝土施工，开拓了设计施工技术空间，保证了混凝土浇筑质量，赢得了工期和积累了经验，为后续我国核电几十台机组基础混凝土整体浇筑成功实践和推广应用奠定了坚实基础，为国民经济建设创造了相当可观的经济和社会效益。

　　本书研究内容"CPR1000 核电站大体积混凝土温度应力全过程仿真和裂缝控制技术"于 2010 年荣获中冶集团科学技术一等奖。

　　本书在编写过程中尽量依据最新的规范来编写，并尽量反映业已在工程中广泛应用的研究成果及最新进展，使得本书的内容具有先进性。

本书由中冶建筑研究总院张心斌主编，全书由张忠负责统稿和主审，程大业等同志参加了编写工作。具体分工如下：张心斌：第一篇第 1、4、5、7 章；张忠：第一篇第 2、3、6、10、11 章，第二篇；程大业：第一篇第 8、9 章，第三篇。

本书在编写过程中，中广核工程有限公司施工管理中心的陈李华总工以及中核华兴建设有限公司核电工程事业部的魏建国总工等提出了宝贵意见，特在此表示衷心感谢。

由于编者水平有限，书中难免存在缺点和错误，恳请读者批评指正。

编者

2014 年 8 月

目　　录

第1篇　核电站大体积混凝土裂缝控制

第2篇　CPR1000核电站大体积混凝土温度应力变化规律分析及施工分层方案

第3篇　CPR1000核电大体积混凝土施工技术指南

第1篇

核电站大体积
混凝土裂缝控制

1 大体积混凝土裂缝控制

1.1 概述

大体积混凝土是一个相对的概念，对于基础来说，较厚的板，不管水平尺寸多大，都可以称之为大体积。进一步从热传导途径来定义更有说服力，当水化热的传播路径足以造成混凝土温度差异并引起不容易控制的应力时，可以将这种混凝土构件称之为大体积混凝土。除了研究混凝土的温度特征外，还应注意混凝土的收缩效应。研究混凝土这一基本特性可以有效防止混凝土的裂缝，消除使用者的思想顾虑，改善混凝土的使用寿命，增强混凝土的耐久性。

混凝土水化反应产生的热量在混凝土绝热条件下是不会产生应力的，实际的过程中，保温措施做得再好，也会在混凝土内部造成温度差，由此产生混凝土的温度应力。可以说应力是温度的伴生现象。工程师们为了克服温度应力产生的破坏，使用了各种方法去克服这一缺陷，他们采用不同材料、不同混凝土的配合比、掺各种外加组分等措施，可是裂缝如影随行，成为困扰着所有的工程技术人员的难题。由于温度裂缝问题很难避免，所以人们除了寻找克服的技术途径外，还从各种理论入手来解决温度裂缝的方法。

混凝土在成型过程中，除了温度引起裂缝外，混凝土材料的收缩也是一个重要特征。温度收缩称之为物理收缩，水化反应造成的收缩称之为化学收缩。混凝土在这两种收缩变形作用下，裂缝几乎是不可避免。不管从宏观角度来说，还是从微观角度来说，混凝土的裂缝具有复杂性，本章主要从相对宏观角度来讨论混凝土的裂缝问题。

改革开放以来，中国进行了大规模的经济建设，大量涉及基础设施的土木工程得以实施，对于混凝土裂缝问题也引起工程界的极其关注。但对其的研究，还是停留在工程经验方面，理论上没有基本的突破。原因是一方面混凝土的裂缝成因具有多样性，另一方面各类结构具有差异性，使得很难从统一的角度对混凝土的温度应力、收缩、外界的约束力进行解析分析，从而提高了控制裂缝的难度。

2

1.2　温度控制

温度问题是混凝土的伴生现象，混凝土在浇筑后总是有热量发生，大体积混凝土由于三个方向几何尺寸较大，热量的散发总是受到制约，水化温度升高，使混凝土内外热量散发形成差异后，造成混凝土内外温度不同，从而可能形成温度应力。混凝土的温度应力是一个相当复杂的问题，从数学上进行理论解答相当复杂，尤其当混凝土的平面几何尺寸不规则时，温度应力的计算更加复杂，为了说明这一点，举一个简单的例子，图 1.1.1 是一个简单的圆柱形混凝土结构。

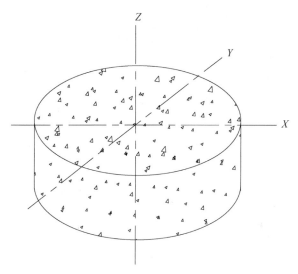

图 1.1.1　混凝土圆柱

圆柱体外半径为 R，温度变化 $T(r)$ 相对于圆柱轴对称，是径向距离 r 的函数，即 $T = T(r)$，与轴向坐标 Z 无关。圆柱两端是自由的，我们先假定轴向位移 w 在整个柱体中为零，然后修改解答使其满足自由端的条件。

由于温度相对于柱轴对称，剪切变形与剪应力均为零，因此只剩三个正应力 σ_r、σ_θ、σ_z，形变分量为：

$$\varepsilon_r = \frac{1}{E}\left[\sigma_r - v(\sigma_\theta + \sigma_z)\right] + \alpha T$$

$$\varepsilon_\theta = \frac{1}{E}\left[\sigma_\theta - v(\sigma_r + \sigma_z)\right] + \alpha T$$

$$\varepsilon_z = \frac{1}{E}\left[\sigma_z - v(\sigma_r + \sigma_\theta)\right] + \alpha T \tag{1.1.1}$$

（1）实心圆柱体：

$$u = \frac{1+v}{1-v}\alpha\left[(1-2v)\frac{r}{b^2}\int_0^b Tr\mathrm{d}r + \frac{1}{r}\int_0^r Tr\mathrm{d}r\right]$$

$$\sigma_r = \frac{\alpha E}{1-v}\left(\frac{1}{b^2}\int_0^b Tr\mathrm{d}r - \frac{1}{r^2}\int_0^r Tr\mathrm{d}r\right)$$

$$\sigma_\theta = \frac{\alpha E}{1-v}\left(\frac{1}{b^2}\int_0^b Tr\mathrm{d}r + \frac{1}{r^2}\int_0^r Tr\mathrm{d}r - T\right)$$

$$\sigma_z = \frac{\alpha E}{1-v}\left(\frac{2}{b^2}\int_0^b Tr\mathrm{d}r - T\right) \tag{1.1.2}$$

观察式（1.1.2），可得

$$\sigma_r + \sigma_\theta = \sigma_z = \frac{\alpha E}{1-v}\left(\frac{2}{b^2}\int_0^b Tr\mathrm{d}r - T\right)$$

（2）空心圆柱体：

$$\sigma_r = \frac{\alpha E}{1-v}\frac{1}{r^2}\left(\frac{r^2-a^2}{b^2-a^2}\int_a^b Tr\mathrm{d}r - \int_a^r Tr\mathrm{d}r\right)$$

$$\sigma_\theta = \frac{\alpha E}{1-v}\frac{1}{r^2}\left(\frac{r^2-a^2}{b^2-a^2}\int_a^b Tr\mathrm{d}r + \int_a^r Tr\mathrm{d}r - Tr^2\right)$$

$$\sigma_z = \frac{\alpha E}{1-v}\left(\frac{2}{b^2-a^2}\int_a^b Tr\mathrm{d}r - T\right) \tag{1.1.3}$$

温度函数 $T(r)$ 给定后，由上式即可计算应力的值。

观察式（1.1.3），可得

$$\sigma_r + \sigma_\theta = \sigma_z = \frac{\alpha E}{1-v}\left(\frac{2}{b^2-a^2}\int_a^b Tr\mathrm{d}r - T\right)$$

从上面所举简单的例子可以看出，即使相对简单的几何体计算温度应力也是非常困难的。要计算温度应力，首先要获得温度函数，实际混凝土温度场是一个相当复杂的问题，通过检测只能获得比较粗糙的结果，对复杂条件下混凝土的温度应力进行实际控制是一个十分复杂的技术问题，好在现代计算机技术的飞速发展，有限元方法的提出及一系列计算软件的开发成功，使得复杂条件下混凝土计算变得可能。

1.3　变形控制

混凝土在浇筑后，不仅仅表现为温度的瞬间变化，也同时存在复杂的收缩特性，可以将混凝土的变形归结为两类，化学的和物理的。水泥加水后发生的水化反应可以称之为化学变化，温度和水的散失造成的变形可以称之为物理变形。

物理性收缩往往是可以主动控制的，即使有时比较困难，但总是有一些方法可以利用，例如保温和增加湿度就是一种有效的方法，而混凝土的水化反应变形（有时收缩，往往也会膨胀）却很难控制，很多混凝土产生裂缝，就是因为混凝土的水化变形造成的，人们在制定控制混凝土裂缝计划时几乎忽视混凝土的水化变形，往往将其简单认为是水分散失造成的，其实它是两个完全不同的变形形态，其控制的难度完全不同。对于水化变形目前还没有特别有效的方法，现今大家比较公认的方法是通过添加混凝土的外加剂去降低混凝土的水化变形，从而控制混凝土裂缝。

图 1.1.2、图 1.1.3 为实际现场混凝土收缩变形，该项目是 CPR1000 核电站的混凝土基础，混凝土实际强度约为 C55，测试部位在混凝土的不同位置，测试装置如图 1.1.4 所示，振弦式应变被埋设在一个管状的钢桶内，钢桶四周为塑料材料，因此钢桶内混凝土变化时基本不受周围混凝土约束，钢桶内混凝土可以看作为完全自由状态，可以看出混凝土内不同部位的收缩完全不同。该装置测试的混凝土变形包括温度变形，水化反应变形，图 1.1.2、图 1.1.3 是剔除混凝土温度变形后混凝土的其他变形，作者认为主要是混凝土水化反应变形。

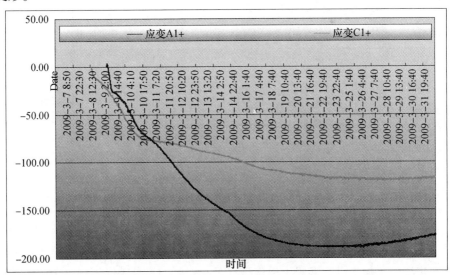

图 1.1.2　大连地区混凝土收缩变形曲线

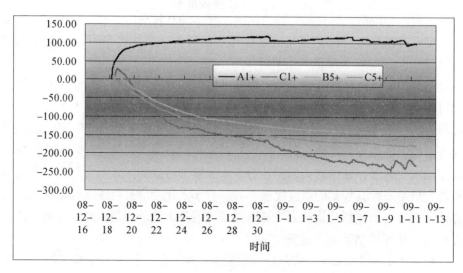

图 1.1.3　广东阳江地区混凝土收缩变形曲线

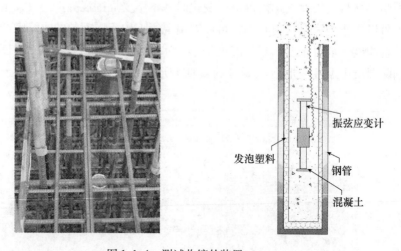

图 1.1.4　测试收缩的装置

1.4　混凝土应力的现场控制

　　人们关心和研究混凝土的温度及其产生的应力，目的无外乎是避免混凝土出现裂缝。总体来讲，混凝土出现裂缝是必然的，只是程度不同，工程师们研究混凝土浇筑过程中短时间内出现的应力是为了将这种应力控制在一个特定的范围内，以提高混凝土的质量，从安全和结构的耐久性考虑，总是希望混凝土不出现裂缝。

前面我们研究了混凝土在初期施工过程中，总是出现温度变形和水化变形，这两种变形使得混凝土出现以下几种应力：

1.4.1　自身约束应力

温度差异和水化收缩差异都会产生自身约束应力。

混凝土在温度变化过程中，其内外温度会产生差异，这种差异会使混凝土在内外产生不同的应力状态，最大的可能是外部出现拉应力，内部出现压应力，这种情况使得混凝土表面容易出现裂缝。混凝土浇筑过程需要时间，这一时间差使得混凝土各部位温度产生差异，而混凝土又是一个从流态向固态逐渐变化的过程，这就使得混凝土从浇筑开始到结束时，内部已经有一个温度场存在，当继续对混凝土进行保温处理时，混凝土内部的温度场也是一个动态过程，这一过程的变化使得混凝土内部会出现拉应力的可能，实际工程中混凝土内部出现裂缝原因就在此。

混凝土水化变形的差异出现的自约束和温度非常相似，内部收缩大，外部收缩小时，则内部出现压应力，外部出现拉应力，反之亦然。

温度应力和水化收缩应力是由两个不同原因造成的，这就为我们提供了利用价值，通过温度控制可以使这两种应力相互抵消，消除混凝土裂缝。

1.4.2　外界约束力

混凝土温度和水化变形时，由于混凝土浇筑在基础上，当混凝土形状变化时，外界基础会对这种变形进行约束，使得混凝土产生应力，这种约束可以是正向的，也可以是反向的。例如，一个圆形混凝土基础浇筑在岩石基础上是升温阶段，约束摩擦力是沿半径指向中心，当混凝土温度降低到一定程度时，约束摩擦力是沿半径指向外边缘。这两种约束力对混凝土裂缝控制是完全不同的。

混凝土水化变形时，内外差异造成原先基础对混凝土的约束效果完全不同，其复杂程度更大。

混凝土和基础的连接方式很多，有直接浇筑在平面基础上，也有根据基础不同的标高浇筑的，还有在基础和新浇筑混凝土之间有很多插筋的，这几种情况对新浇混凝土的约束完全不同。因此分析混凝土温度和水化变形应力变得十分复杂，没有普遍规律，只能是具体情况具体分析。

1.5 小结

大体积混凝土浇筑时，有效控制裂缝是一个十分复杂的问题，应根据结构的特点进行全过程分析：

（1）底板的边界条件，决定了混凝土是直接浇筑在基础上，还是进行约束，比如插筋、坑洞；

（2）合理的混凝土配合比。混凝土的原始材料对控制裂缝十分关键，过多的水泥会加大混凝土的收缩，对特定的基础会产生明显的裂缝，适合的外加剂会对裂缝控制起决定性的作用；

（3）不同的天气条件应采用不同的保温措施；

（4）应对混凝土从流态到固态进行全过程分析，根据温度调节混凝土的内部应力分布，控制混凝土的应力水平。

（5）升温阶段和降温阶段应采取不同的保温措施；

（6）现场进行混凝土收缩监控，以温度应力来平衡收缩应力。

（7）选择合理的浇筑顺序，不同形状的基础，混凝土浇筑顺序不同，合理的浇筑顺序对控制裂缝十分有效。

2 大体积混凝土施工养护方式及技术指标有限单元法分析与研究

2.1 概述

影响大体积混凝土施工裂缝的因素很多，但直接原因主要还是温度应力、收缩应力以及它们综合超越了混凝土对应凝期的极限抗拉强度，其中施工温度应力所造成的混凝土裂缝是影响大体积混凝土质量的重要因素，也是作为大体积混凝土裂缝控制的重要指标，为此，控制混凝土裂缝就得采取措施控制混凝土的施工温度应力。混凝土温度应力的形成与施工养护方式及养护技术指标休戚相关，不合适的养护方式及指标可能潜在加剧混凝土的施工温度裂缝。以往施工养护方式及指标依赖于工程经验，并且施工养护温控指标的规定也缺乏理论依据。如何通过理论计算指导温控监测，进而指导温控施工，确定具体的养护方式及技术指标（措施），有限单元法的引入有效地解决了养护技术指标的估算与养护方式的优化，为养护技术措施的制定奠定了切实可行的理论基础。本节以 CPR1000 核电站基础施工为例，运用有限单元法开展了不同养护方式的混凝土应力状态分析，进行了养护技术指标的优化和有区别的动态养护技术措施的研究工作。

2.2 样板工程概况

CPR1000 核电站筏基直径 39.5m，总厚 5.5m，混凝土强度等级为 PS40，原计划分 5 层浇筑（分层为设计规定）。A、B 层厚分别为 1.2m、1.8m。混凝土浇筑量大（均属于大体积混凝土）、水化热高、浇筑时期气候条件恶劣（冬季），使得施工过程中裂缝难以控制；另外，在施工工期紧缩、施工技术改进的前提下，实施整体浇筑对混凝土施工质量带来更为严峻挑战。为确保如此恶劣环境下整体浇筑的混凝土成型质量，必须优化施工养护方式及技术指标，实施动态施工养护和监测，主动有效地控制对应养护技术措施下的混凝土温度应力，从而降低混凝土开裂的风险。本节通过有限单元法，计算不同养护技术措施（指标）下基础混凝土的温度应力分布特点，试图提出最佳的施工养护方式和技术指标。本文分析采取的养护技术措施按照以下三种方式进行：

（1）侧面绝热保温，而上表面采取适当保温措施；

（2）侧面和上表面进行无区别适当的保温措施；

（3）侧面绝热保温，上表面有区别保温，即顶面中心区域适当保温、顶面外缘加强保温。

2.3　有限元模型及分析参数

混凝土温度应力、应变计算采用增量法，即把浇筑时间划分为一系列的时间段：Δt_1、Δt_2、……、Δt_n，在第 i 个时段内的温度增量为 $[\Delta T_i]$，由温差引起的弹性温度应变、应力增量分别为 $[\Delta \varepsilon_i]$、$[\Delta \sigma_i]$，总的应变、应力分别为 $\Sigma[\Delta \varepsilon_i]$、$\Sigma[\Delta \sigma_i]$。热应变分析前提是温度场的热分析，热分析和热应变分析分别采取 Solid70 和 Soild45 实体有限单元。计算模型主要参数：基础半径19.75m，基础厚度 3.0m，滑动层厚度 0.1m；混凝土入模温度 10℃，其他非基础节点初始温度 5℃，养护期最高、最低气温分别为 20℃、3℃；基础、廊道混凝土及基岩密度、导热系数和比热容分别 2400kg/m³、2.33W/(m·℃)、970J/(kg·℃)，滑动层导热系数为 1.165W/(m·℃)，其他同基岩；水化热模式 $hot(i) = 137997000[1 - \exp(-0.6955i/24)]$；基础弹性模量 $E(i) = (1 - \exp(-0.09i)) \times 3.45 \times 10^{10} Pa$，基岩、廊道弹模 $3.45 \times 10^4 MPa$。理论分析有限元模型如图 1.2.1 所示。理论分析采取的三种施工养护方式，其对应的技术指标分别为：

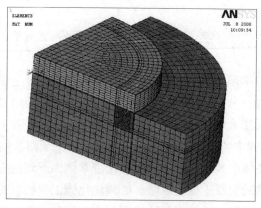

图 1.2.1　有限元计算模型

（1）侧面保温层传热系数 0W/（m² · ℃），表面保温层传热系数 1.67 W/（m² · ℃）；

（2）侧面保温层传热系数 1.67W/（m² · ℃），表面保温层传热系数 1.67W/（m² · ℃）；

（3）侧面保温层传热系数 0W/（m² · ℃），表面保温层 $R > 16m$，传热系数 1.67W/（m² · ℃），$R \leqslant 16m$，传热系数 $1.67 \times 2W/（m² · ℃）$。

2.4　计算结果与分析

为了研究不同的养护技术指标对混凝土施工温度应力状态的影响，探讨圆形基础最佳的施工养护方式，从理论上解决施工养护方式的选取和具体养护技术指标的制定，本节按照上述三种养护方式分别进行了的分析研究。根据有限单元法的计算结果，有针对性地分析基础关键点的温度应力并做出温度-应力曲线。分析测点位置对应实测测点位置，如图 1.2.2（实际工程测点不限于上述测点），在图示平面点位中每一断面共分三层，分别为底层 A、中间层 B、上层 D。图 1.2.3 ~ 图 1.2.5 分别是三种养护方式下 1#基础中心顶层、中间层、底层混凝土径向和环向温度应力；图 1.2.6 ~ 图 1.2.11分别是三种养护方式下 5#基础边缘顶层、中间层、底层混凝土径向和环向温度-应力曲线。

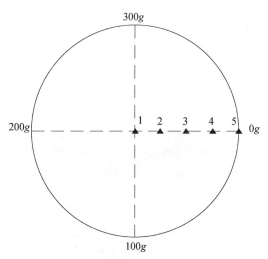

图 1.2.2　分析点位平面图

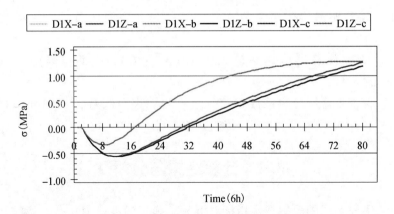

图 1.2.3　三种养护措施中心点 1#顶层径向及环向应力

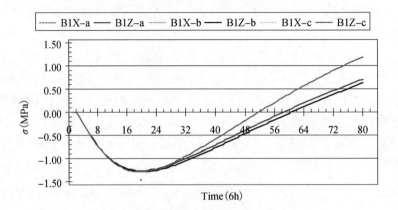

图 1.2.4　三种养护措施中心点 1#中间层径向

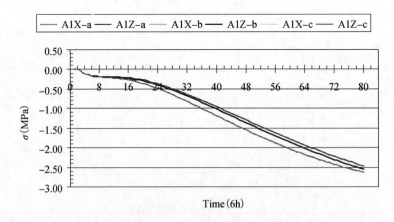

图 1.2.5　三种养护措施中心点 1#底层径向及环向应力及环向应力

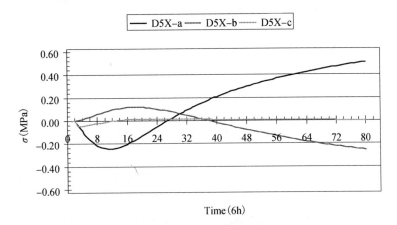

图 1.2.6　三种养护措施外缘侧壁 5#顶层径向应力

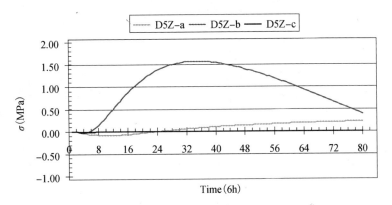

图 1.2.7　三种养护措施外缘侧壁 5#顶层环向应力

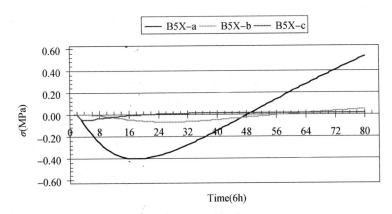

图 1.2.8　三种养护措施外缘侧壁 5#中间层径向应力

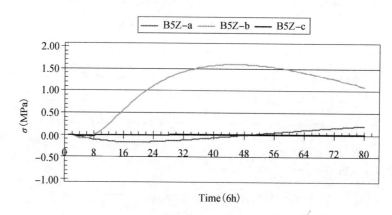

图 1.2.9　三种养护措施外缘侧壁 5# 中间层环向应力

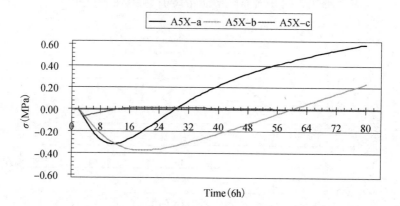

图 1.2.10　三种养护措施外缘侧壁 5# 底层径向应力

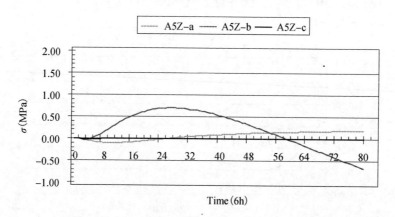

图 1.2.11　三种养护措施外缘侧壁 5# 底层环向应力

比较养护方式 2.2 中的（1）、（2），其养护技术指标仅基础外缘侧壁不同，从图 1.2.3～图 1.2.5 可知中心区域图 1.2.2 对应的环向及径向应力略大，影响甚微；而从图 1.2.6～图 1.2.11 可知基础外缘环向及径向应力要减小得很多。可见，在充分做好外缘侧壁的保温前提下，基础中心区域的拉应力增加甚微而外缘侧壁的拉应力则减小很多，混凝土出现裂缝的可能性要小得多。

分析 2.2 中的养护方式（1）、（3），其养护技术指标仅（3）的基础中心区域覆盖层泄热能力扩大，从图 1.2.3～图 1.3.5 可知中心区域对应的环向及径向应力要增大，而从图 1.2.6～图 1.2.11 可知基础外缘环向及径向应力均要减小，几乎可忽略不计，可见中心区域合理加大降温有利于抵消基础外缘的环向及径向应力。研究表明：在充分做好外缘侧壁和顶面外缘的保温、合理扩大顶面中心区域的降温，尽管中心区域的拉应力有不同程度的增加，但基础外缘侧壁的拉应力减小显著，混凝土外缘出现裂缝的可能性更小得多。为避免中心区域出现施工裂缝，应通过有限单元法确定合理的顶面中心区域的养护技术指标。

综上所述，在充分做好外缘侧壁和外缘顶部保温的同时，适当加大顶面中心区域的降温，这样，一方面保证混凝土中心区域的热量能够较快地散热而不影响工期，另一方面保证混凝土的应力状态处于可控的水平，全面保障了混凝土的成型质量。

3 滑动层对上部基础施工温度应力影响有限元分析及应变监测研究

3.1 概述

影响混凝土质量的原因有多种，其中施工温度应力所造成的混凝土裂缝是影响大体积混凝土质量的重要因素之一，也是作为大体积混凝土裂缝控制的重要指标。《大体积混凝土施工规范》（GB 50496—2009）通过对大体积混凝土进行温控施工从而达到对混凝土施工温度应力的控制，但是温控指标具有经验性，可能造成指标可控的前提下仍然无法避免裂缝的产生。大体积混凝土施工裂缝的控制除了对混凝土原材料、配合比、制备、运输控制措施、抗裂措施、养护措施以及现场监控措施息息相关外，对于合理的结构设计也休戚相关。滑动层合理设计是结构设计的重要一环。滑动层的滑动能力特性对施工温度应力影响显著，但如何量化滑动能力是个值得探讨的问题。本节通过建立 CPR1000 核电站安全壳基础合适的滑动层有限单元模型，并通过调节滑动层刚度的理论分析结果与实测应变结果对比分析来实现对滑动能力的量化处理，试图揭示 CPR1000 核电站安全壳基础滑动层的特性及滑动能力，可为后续同类型核电站安全壳基础有限元分析提供思路和力学模型。

3.2 样板工程概况

样板工程概况同本篇 2.2。

3.3 滑动层不同刚度的有限单元法分析

有限元模型及分析参数见本篇 2.3。

为了研究滑动层刚度对施工温度应力的影响，基于上述模型滑动层刚度分别取 a：3.45Pa，b：$3.45 \times 10^7 \text{Pa}$，$c$：$3.45 \times 10^{10} \text{Pa}$ 对比分析，即：a 模型刚

度很小，几乎没有刚度；c 模型刚度较大，与基岩刚度相同；b 模型刚度适中。经计算，主要应力曲线 1#、4#、5#分别如图 1.3.1～图 1.3.6（1#、4#、5#对应应变监测试验传感器实际布置点位，如图 1.2.2 所示。其中 A、B、D 分别为基础下层、中间层及上层。由图 1.3.1～图 1.3.4 曲线可知，随着滑动层滑动能力的提高，基础 1#、4#点的中间层及上层环向（Z）及径向（X）温度应力逐渐减小；由图 1.3.5～图 1.3.6 曲线可知，5#点环向拉应力最有早期随着滑动层滑动能力的提高而增大，后期均随着滑动能力提高而减小。选取其他点再分析表明，1#～4#点之间区域的温度应力随滑动刚度变化的特性与 1#或 4#点变化特性保持一致，4#、5#点之间的区域温度应力随滑动刚度变化的特性逐渐由 4#点的特性过渡到 5#点特性，即基础中心大部分区域中间层及上层环向及径向温度应力随滑动刚度变大逐渐减小，然后逐渐过渡到基础外侧壁，环向拉应力最小早期随着滑动层滑动能力的提高而增大，后期均随着滑动能力提高

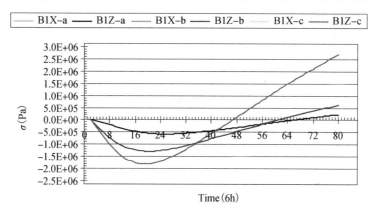

图 1.3.1　不同滑动层 1#点上层径向及环向应力

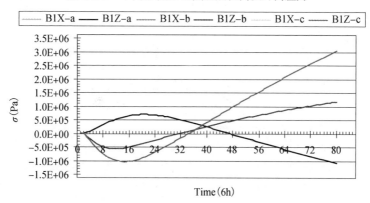

图 1.3.2　不同滑动层 1#点中间层径向及环向应力

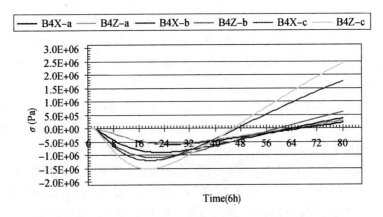

图 1.3.3　不同滑动层 4#点中间层径向及环向应力

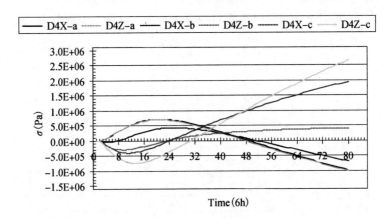

图 1.3.4　不同滑动层 4#点上层径向及环向应力

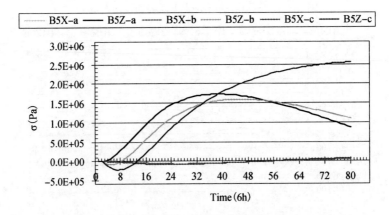

图 1.3.5　不同滑动层 5#点中间层径向及环向应力

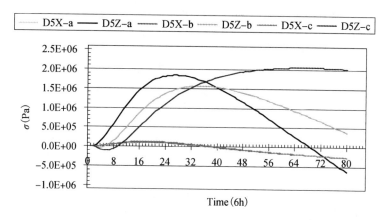

图 1.3.6 不同滑动层 5#点上层径向及环向应力

而减小。进一步理论分析表明，在加强外侧壁保温措施的前提下，外侧壁温度
应力特性与中心区域特性基本相似，即随着滑动层滑动能力的提高，基础中间
层、上层甚至下层环向及径向温度应力均逐渐减小。

3.4 应变监测研究

为了实时掌握大体积混凝土施工应变分布规律，了解实际工程中滑动层对
施工温度应力的影响程度，探讨计算模型中提出的滑动层刚度的吻合度，开展
了应变监测试验研究。图 1.3.7～图 1.7.10 分别给出了主要测点（中心 1#测
点及边缘 5#测点）的环向和径向实测应变曲线，同时根据有限元理论分析可
以给出在既定滑动层刚度的前提下对应上述测点的环向和径向理论应变曲线，
如图 1.3.11、图 1.3.12 所示。分析上述理论应变曲线与实测应变曲线可知其

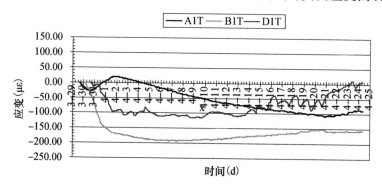

图 1.3.7 1#点环向应变曲线

应变发展趋势相似、量值相仿，也就是说在滑动层的滑动刚度取 $3.45 \times 10^7 Pa$ 时理论分析与实测吻合性较好。

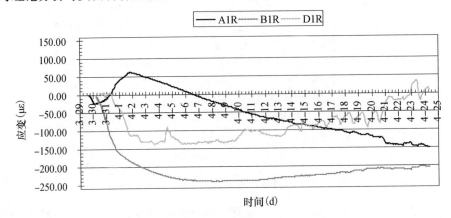

图 1.3.8　1#点径向应变曲线

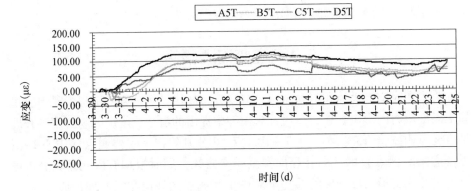

图 1.3.9　5#点环向应变曲线

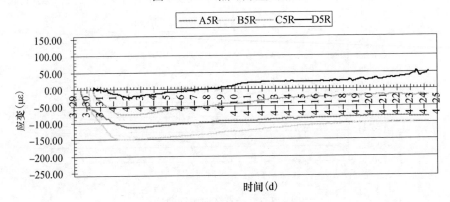

图 1.3.10　5#点径向应变曲线

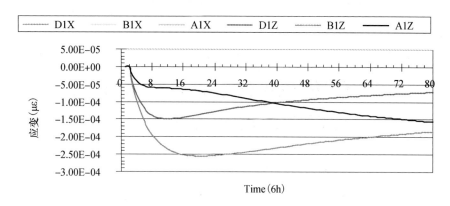

图 1.3.11　1#点径向、环向应变

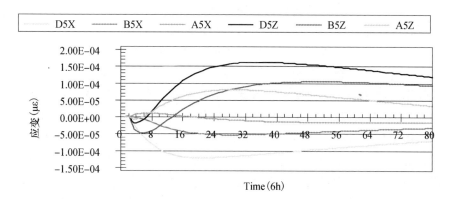

图 1.3.12　5#点径向、环向应变

4 CPR1000 核电站基础大体积混凝土温度应力特性

4.1 概述

我国目前大多数在建的核电站都是 100 万千瓦级的核电站，基础基本形式相同，以引进法国第二代核电站为蓝本，其施工工艺基本参照法国施工工艺。在施工过程中混凝土一直出现较多的裂缝，由于核电站的特殊要求，对混凝土的施工质量要求有别于一般的混凝土结构。除了强度要求外，还有混凝土使用功能和耐久性的要求，因此一直对混凝土的施工质量有着极其严格的要求。强度和裂缝控制是主要的两个指标，为了控制混凝土的裂缝，一直采用小体量施工方法，即使如此，混凝土的裂缝还是出现，往往裂缝还比较特殊，处理起来花费大量的时间。为了寻找一条既能缩短时间又能避免裂缝的科学施工方法，作者采用逆向思维的方式，加大一次混凝土施工量，增加一次混凝土施工的数量，加大高度和宽度，作者采用控制混凝土温度应力和收缩应力的方法，全面研究以往混凝土施工方法，对混凝土施工进行全过程分析，了解混凝土施工过程中每一步对最终裂缝的影响程度，研究各种有利因素和不利因素，对不利的进行克服，有利的进行放大，达到总体控制裂缝的目的。首先对混凝土的施工过程进行计算机全过程仿真计算，了解温度分布特征、发展趋势，进一步分析混凝土温度应力的分布规律，找到控制主应力的特性。通过现场监控进一步了解混凝土收缩，对收缩和温度应力进行双控制，将裂缝产生的可能性降到最低。

4.2 方法

国内绝大部分核电站的基础如下图 1.4.1 所示，是一个半径为 19780mm 厚 5500mm 的混凝土筏基，采用的分层分段的方式进行施工，从下向上分为 A、B、C、D、E 等多层，每一层继续划分为多部分进行施工，但问题继续存在，一是裂缝仍然出现，有时裂缝还很难处理，另一方面则是占用较长的施工时间，这一现象与要求缩短建造工期的要求大相径庭，因此探索一条既可靠有可行的施工方法显得十分必要。

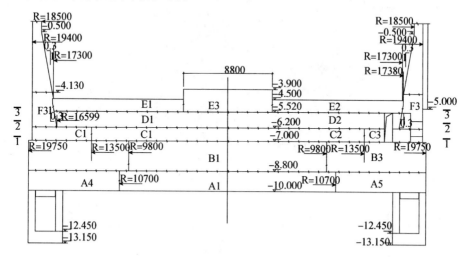

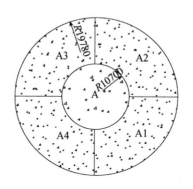

图 1.4.1　核电站基础示意图

混凝土的温度是由水泥水化作用时释放的热量造成的，混凝土的几何尺寸到达一定的数量后，温度升高将趋于常数，同时考虑温度应力是与温度梯度有关，而与绝对温度没有直接关系，只要合理控制温度差即可以控制温度应力的发生。另外既然温度应力与温度差相关，那么可以设想，如果对混凝土内外的应力可以加以控制，既可以使表面出现外拉内压，也可以外压内拉，利用它们的关系来平衡混凝土非温度收缩产生的其他应力。

本节所讨论的混凝土厚度为 3800mm 圆柱形筏基，由于完全对称，因此选取四分之一进行水化过程的温度分析和应力分析。图 1.4.2 为利用计算软件

23

ANSYS11 建立的全真计算模型。

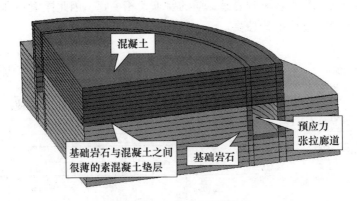

图 1.4.2　3.8m 厚计算模型

混凝土和岩石直接接触，由于基础为圆柱体，选择任一直径将其分开都完全对称，不考虑混凝土的各向异性，任一直径剖面内都不会有热交换发生，因计算时可以选择任一部分进行计算，本计算建立 3.8m 厚四分之一模型，岩石基础半径比混凝土半径大 8m，岩石厚度 10m，计算时忽视深层岩石表面的热交换。

计算的混凝土半径为 19.75m，混凝土底部有宽 3m 左右的张拉廊道，混凝土和基础岩石之间有防水层。

由于防水层的存在，使得混凝土和基础岩石之间的受力机理显得复杂，可以通过设置过渡单元来模拟变形协调，上部混凝土厚度达到一定程度时可以考虑忽视防水层。

按照顺序偶合方式计算混凝土温度应力。首先计算混凝土温度场，然后按照计算得到的温度场为输入荷载计算混凝土的温度应力，步骤如下：

（1）温度场计算（图 1.4.3）

首先建立结构模型，选择 Solid70 单元为温度计算单元。

（2）温度应力计算

将 Solid70 温度单元自动转换为结构计算单元 Solid45，并以温度计算结果作为外荷载输入到结构中去，计算不同温度场对应的温度应力。

混凝土温度变化是一个动态过程，一方面混凝土水化释放热量，使得温度升高，另一方面混凝土本身具有热传导特性，不断地将热量传递到基础岩石、空气中去，使得混凝土温度降低，混凝土温度的变化取决于这两种过程的综合结果，基础岩石的传热过程我们无法人工干预，而混凝土向空气中传递热量的过程我们完全可以控制。通过计算可以进一步比较不同部位的保温措施下混凝土的应力分布特点。计算的边界条件可以按照以下几种方式进行。

①侧面绝对保温，侧面混凝土与空气混凝土无热交换过程；

②上表面绝热保温，而侧面不作任何保温；

③侧面和上表面进行适当的保温措施。

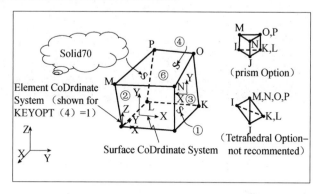

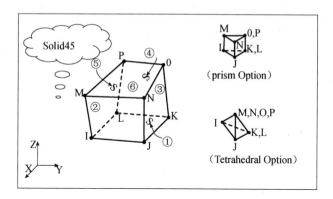

图1.4.3　温度计算单元

比较以上各种不同类型的保温组合，比较各种不同边界条件下混凝土的温度应力状态，提出合理可行的保温措施。

图1.4.4是不同保温条件下边缘地区的混凝土主应力曲线。

从图1.4.4明显看出，不同的保温条件下混凝土的温度应力相差悬殊。

混凝土在养护过程中会发生水化收缩，尤其是开始几天，混凝土在温度升高阶段同时伴随很大的水化收缩，这种水化收缩混凝土使得其内部产生很大的应力，因此必须对混凝土升温阶段进行科学的温度保养，一方面控制温度产生的应力，另一方面利用温度应力抵消这种收缩应力。

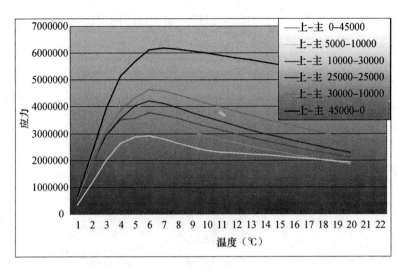

图 1.4.4　不同保温条件下边缘地区的混凝土主应力曲线

　　大体积混凝土浇筑时间长，最先浇筑的混凝土与最后浇筑混凝土相差几十个小时，因此混凝土温度也产生局部温差，而混凝土的温度应力是混凝土从流态变为固态后才存在的，可以想象，混凝土从开始浇筑到最后混凝土浇筑完并最终形成固体时，混凝土内部已经存在复杂的温度差，这一温度差往往并不存在很大的温度应力。图 1.4.5 说明了这一过程。

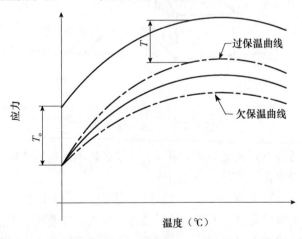

图 1.4.5　温度应力产生过程

　　图 1.4.5 所示，随后的温度差 ΔT 与初始状态 $\Delta T_\circ$ 一致，则混凝土基本不会产生附加的温度应力，如果 $\Delta T_\circ$ 大于 ΔT 则会在混凝土表面出现拉应力，如

果 $\Delta T_{\circ}$ 小于 ΔT，则会在混凝土表面出现压应力。

　　水化收缩大小一般是和温度有关的，温度高收缩小，温度低收缩大，所以一般来说，收缩产生变形效应表现为表面出现拉应力，内部出现压应力，因此表面容易出现裂缝。为了克服这一缺点，可以以温度应力来平衡收缩应力，只要使得 $\Delta T_{\circ}$ 小于 ΔT，即可以让收缩和温度应力产生抵消的结果，有效控制裂缝的产生。

4.3　研究结果

　　采用全过程分析研究了 CPR1000 核电站基础混凝土的温度、收缩应力特性，采取从中间向周围浇筑的方法，尽量延长浇筑时间，可以有效加大 $\Delta T_{\circ}$，开始温升阶段就加大保温措施，使得 ΔT 保持不变或稍微变大，一方面控制温度应力，另一方面使混凝土强度提高更快，从而提高混凝土的抗裂性能。

　　通过有限元计算得到的如图 1.4.6 所示结果。

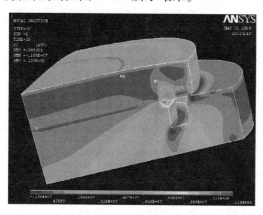

图 1.4.6　有限元计算结果

　　通过计算，特定温度条件决定了混凝土的温度应力特点，混凝土的最大主应力分布在侧面水平方向，因此可以在这些位置适当地加大钢筋布置，以短时间抵抗这种应力。

　　大连红沿河 2、3 号核岛基础采用了以上方法，对混凝土侧面进行最大保温。加大侧面的抗温度钢筋布置。同时对混凝土进行现场应力监控，实时进行调控混凝土总的应力水平。20d 以后拆除模板，混凝土表面仅仅在预测的部位出现了几条小于 0.01mm 的裂缝。

5 核电站基础大体积混凝土水化特性

5.1 水泥水化热特点

大体积混凝土在施工时对其温度的计算是一个十分复杂的工作，混凝土的温度取决于水泥用量、掺合料、添加剂、水泥水化热等多种因素。基本计算公式为：

$$\Delta T = \frac{M \times C}{\gamma \times \rho} \tag{1.5.1}$$

同时混凝土前期温度还与混凝土的导热特性、钢筋多少有关。混凝土的导热特性与混凝土的（ACI122R-02）骨料参数、含水率都有一定的联系，含水率的增加会显著提高混凝土的导热性能。

混凝土的水化过程是特别复杂的一个过程，这一过程非常漫长，从加入水开始，可能伴随着混凝土的一生。早期时水泥水化反应强烈，释放的热量非常集中，引起混凝土的温度快速上涨，后期水化反应逐步降低，因此混凝土的温度始终是一个动态过程。一方面水泥水化过程中释放的热量使得温度升高，另一方面混凝土具有导热功能，使得热量不断的被散发，导致温度的降低，混凝土的温度变化由这两个方面因素决定。当水化产生的热量大于散发出去的热量，则混凝土温度上升，反之温度下降。

混凝土的施工过程是一个动态的过程，混凝土水化从搅拌站开始就已经反应，到混凝土施工现场，温度已经开始升高，现场开始浇筑的温度已经不是混凝土的初始温度。因此混凝土的温度应该从搅拌站加水开始计算。

最终的混凝土温度值还与浇筑的速度、时间、位置顺序、天气状况有关。计算混凝土的温度只能计算出混凝土的最高温度，却很难模拟出混凝土温度变化曲线，这是因为水泥等材料的热量散发是一个特别复杂的过程，我们根本不可能知道实际热量散发的时间历程，因此计算不可能得到混凝土实际的温度曲线。按照公式（1.5.1）计算的温度是混凝土的理想温度，实际上混凝土的热量不断地往外散发，因此混凝土的温度不可能达到公式（1.5.1）的最高温度。

混凝土温度计算时除了水泥外，还有其他胶凝材料，如矿粉、粉煤灰等，此时计算混凝土的温度时要将这些材料的水化效果分开考虑。

CPR1000 或相似核电站混凝土基础厚度较大，国内设计厚度基本 5.5m 左右，直径 40m 左右，混凝土设计强度 PS40，实际强度达到 C55，水泥用量 390kg，掺合料 10% 左右。

较高的水泥用量必然会造成混凝土较高的温度，裂缝出现的可能性增加，因此必须计算出混凝土的最高温度。

5.2　水泥水化热温度计算

大体积混凝土的最高温度往往接近混凝土的最高绝热温升，接近的程度与施工时间长短、前期保温条件、混凝土构件的几何尺寸、混凝土施工的顺序有关，计算的基本方法采用理论和经验相结合。按照绝热等效计算理论计算最高温度，在考虑几何尺寸效应等工程，目前可行的方法有以下几种：

（1）第一种方式。国标《大体积混凝土施工规范》（GB 50496—2009）附录 B 给出的公式：

$$Q = kQ_0 \qquad \Delta T_{max} = \frac{WQ}{C\rho}(1 - e^{-mt})$$

式中　Q——胶凝材料水的热总量（kJ/kg）；

　　　k——不同掺量掺和料水化热调整系数，其值取法参见 GB 50496—2009；

　　　Q_0——水泥水化热总量（kJ/kg）；

　　　C——混凝土比热容，kJ/kg·k；

　　　W——每 1m³ 混凝土的胶凝材料 的是（kg/m³）；

　　　ρ——混凝土的质量密度（kg/m³）；

　ΔT_{max}——混凝土最大里表温度（℃）；

　　　m——与水泥品种、浇筑温度等有关的系数。

K 值与矿粉和粉煤灰的掺量有关。

该方法认为，如果除水泥外还含有其他胶凝材料，则选择将所有胶凝材料的水化热量进行统一折算，不同材料组成的总的水化热可以通过试验得到。

（2）第二种方式。如公式（1.5.2）计算：

$$\Delta T_{max} = \frac{W \times Q + K_{flyash} \times W_{flyash} \times Q + K_{slag} \times W_{slag} \times Q}{C \times \rho} \qquad (1.5.2)$$

该种方式是对水泥以外的胶凝材料以水泥为标准分别进行折减，折减系数为 0.25~0.3 左右。

（3）第三种方式。法国国家实验室方法：

$$\Delta T_{max} = \frac{W \times Q + K_{flyash} \times W_{flyash} \times Q + K_{slag} \times W_{slag} \times Q}{C \times \rho}$$

$$T = T_0 + K\Delta T_{max}$$

该种方式是对水泥以外的胶凝材料以水泥为标准分别进行折减，折减系数考虑混凝土的几何尺寸，系数按照图 1.5.1、图 1.5.2 曲线选取。

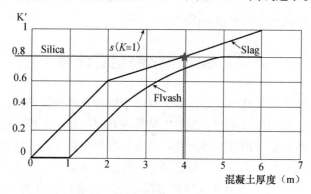

图 1.5.1 折减系数关系图（1）

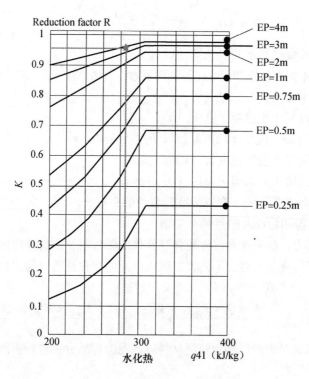

图 1.5.2 折减系数关系图（2）

以上三种方式中，有一个重要的问题是确定胶凝材料水化热 Q，混凝土一般达到最高温度时在 2~6d 左右，这取决于混凝土的初始温度，需要回答的是几天就达到最高温度时为何计算时需要采用 28d 时或全部的水化热。这也正是大体积混凝的重要特征之一，大体积混凝土体积大，水化热不容易散发掉，其在混凝土中积聚造成温度很快上升，进一步加快混凝土的水化程度，使得胶凝材料绝大部分水化热可以在短时间内很快释放，这一特点造成大体积混凝土的最高温度可以很接近混凝土的绝热温度。

（4）第四种方法。采用计算机有限元方法：

本方法可以很方便地计算混凝土的最高温度，与上述几种方法相比最大优点是可以计算混凝土温度变化的动态过程，勾勒出混凝土温度变化全过程，它可以综合考虑混凝土的边界条件和初始条件，将影响混凝土温度特征的所有参数考虑进去，如混凝土导热系数、保温层传热特性、外界温度变化、基础温度条件等，计算出混凝土的全部温度场分布。

下面按照以上四种计算方式分别计算几个实际工程，并与实际测试结果进行比较。

案例：大连红沿河核电站 3 号机组基础，该基础一次性浇筑混凝土厚 3.8m，半径约 19.8m，混凝土强度 C50，浇筑时间 3 月，混凝土浇筑时温度 10℃，环境温度 10℃左右。混凝土水泥用量 390kg、粉煤灰 50kg，水泥 28d 水化热 310J/g，计算结果如下：

（1）第一种方法：

粉煤灰含量 11%，k 取 0.96，

$$k = 1 + 0.96 - 1 = 0.96$$

$$Q = 310 \times 0.96 = 297.6$$

$$Q = kQ_0$$

$$\Delta T_{max} = \frac{WQ}{C\rho}(1 - e^{-mt})$$

$$\Delta T_{max} = (390 + 50) \times 297.6/(24 \times 97) = 56.24℃$$

第二种方式：

$$\Delta T_{max} = \frac{W \times Q + K_{flyash} \times W_{flyash} \times Q}{C \times \rho} = \frac{(390 + 0.25 \times 50) \times 310}{(24 \times 97)} = 53.5℃$$

第三种方式：

$$\Delta T = \frac{W \times Q + K_{flyash} \times W_{flyash} \times Q}{C \times \rho} = \frac{390 \times 310 + 50 \times 0.7 \times 310}{24 \times 97} = 56.5℃$$

$$\Delta T_{max} = K\Delta T = 0.97 \times 56.5 = 54.8℃$$

采用有限元计算的结果，最高温度升高为 56.1℃，实际监测的结果如图 1.5.3、图 1.5.4 所示，混凝土的入模温度为 10.6℃，最高温度 66.1℃，温升 55.5℃。可以看到，第一种和第三种及有限元计算结果非常接近实际监测结果。

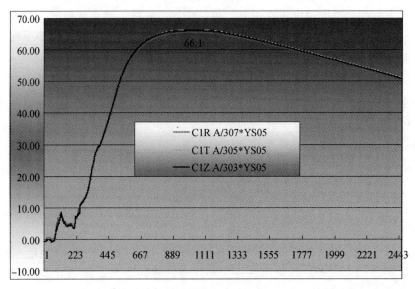

图 1.5.3　实际监测结果

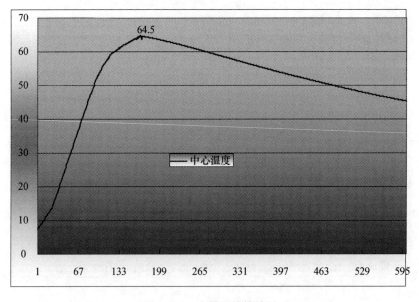

图 1.5.4　有限元计算结果

5.3　小结

大体积混凝土最高温度对控制混凝土裂缝并不具有关键性作用，控制最高温度的目的不同类型工程会有所差异，大多数是基于混凝土使用寿命的考虑，也有部分原因是人们对高温下混凝土特性的不了解所具有的顾虑，绝大部分混凝土工作在常温条件下，因此人们对温度过高后混凝土可能的长期隐患存在担心，鉴于此，施工时应尽量降低混凝土温度。另一方面，高温混凝土相对于环境温度容易产生较大温度差而引起大的温度应力，增加混凝土裂缝产生的可能性，虽然可以通过必要的保温措施降低温度应力水平，但必然会增加投入。因此降低混凝土温度是大体积混凝土施工的首要选择，但决不是控制裂缝的必要条件。

6 有限单元法在大体积混凝土 筏基温控施工中的应用

6.1 概述

《大体积混凝土施工规范》（GB 50496—2009）对于大体积混凝土施工养护技术指标没有给出具体的理论计算方法，只是给出了温度的控制指标。如何通过理论计算指导温控监测，进而指导温控施工，确定具体的养护技术指标和技术措施，有限单元法的引入有效地解决了养护技术指标的估算并为养护技术措施的制定奠定了基础。本文通过有限单元法在CPR1000核电站筏基整体浇筑施工中应用，阐明了施工养护技术指标及措施的确定方法和可实现途径，并通过实测温度场与理论计算温度场相对比，验证理论计算的可行性及指导温控监测和温控施工的优越性，为新规范的颁布提供理论基础和实践依据。

6.2 样板工程概况

CPR1000核电站筏基直径39.5m，总厚5.5m，原计划分5层浇筑（分层为设计规定）。A、B层厚分别为1.2m、1.8m，均属于大体积混凝土浇筑施工。为保证进度计划安排，同时适当加快工程进度、延长混凝土养护时间、保证混凝土浇筑及成型质量，在有限元理论分析指导下经反复论证，实施A、B层混凝土整体浇筑并确定具体养护技术指标和技术措施，同时在施工中进行温度及应变监控。

6.3 有限单元法确定养护技术指标

结合施工技术规范对温控指标的要求，通过有限单元法反试算确定混凝土具体养护技术指标（混凝土-覆盖保温层传热系数应满足 $1.67W/(m^2 \cdot ℃)$），指导混凝土保温覆盖层选取。本工程温控分析采取的有限单元模型和最终选定的温控技术指标如图 1.6.1（时间单位为 h），分析点位对应温度传感器实际布置点，如图 1.6.2 所示。

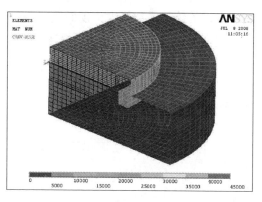

图 1.6.1　有限元模型及边界条件

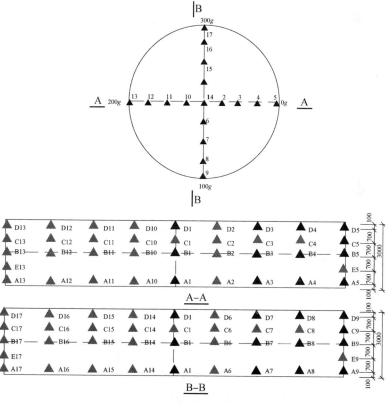

图 1.6.2　测点布置图

图 1.6.3～图 1.6.5 分别对应 1#、4#、5#点不同层位的时间温度曲线。从中可以看出中间层的温度最高，中心点温度高于对应的边缘点，下层温度低于顶层，表明筏基基岩接触面的传热系数要大于顶面覆盖层；图 1.6.6 为 1#、5#点竖向里表温差曲线，最大里表温差为 24.5℃；图 1.6.7 为 1#点降温速度曲线，从图中可以看出中心点最大降温速度约 1.5℃/d。

理论计算表明：现有的养护技术指标能满足混凝土浇筑体的最大里表温差不超过 25℃、最大降温速率不超过 2.0℃/d。可见，上述养护技术指标可行。据此可以制定出现场具体养护技术措施。

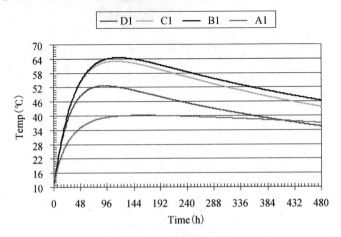

图 1.6.3　1#点温度曲线

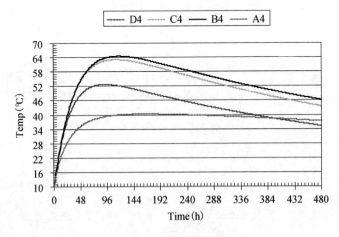

图 1.6.4　4#点温度曲线

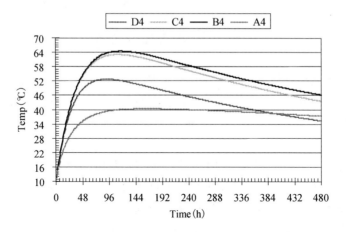

图 1.6.5　5#点温度曲线

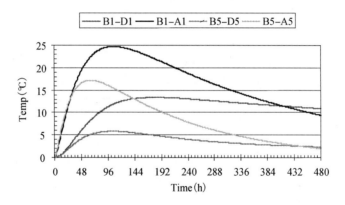

图 1.6.6　1#、5#点里表温差曲线

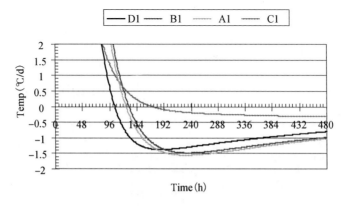

图 1.6.7　1#点降温速度曲线

6.4 温控监测及分析

为验证理论计算的可行性，同时根据规范要求，现场采取了温控监测。测温元件选择四芯电阻式温度传感器，其测试精度为0.1℃，测试范围为−30℃～150℃，绝缘电阻为∞，均满足《大体积混凝土施工规范》（GB 50496—2009）的要求。

本次温控监测测点布置如图1.6.2，分析实测1#、4#、5#点温度变化曲线如图1.6.8～图1.6.10，从图中可看出中间层的温度最高，中心点的温度高于筏基表面及边缘温度；并且实测温度峰值及温度变化趋势基本与理论计算一致，只是顶层及边缘温度由于受到实际环境温度影响有一定的波动。图1.6.11为1#、5#点实测里表温差曲线。

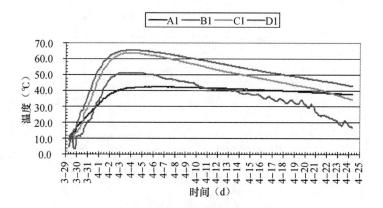

图1.6.8　1#点实测温度曲线

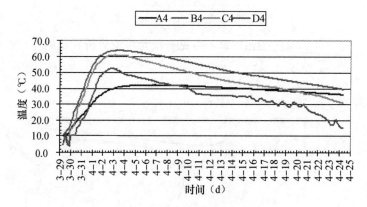

图1.6.9　4#点实测温度曲线

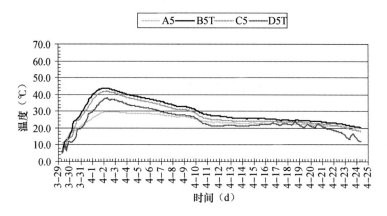

图1.6.10 5#点实测温度曲线

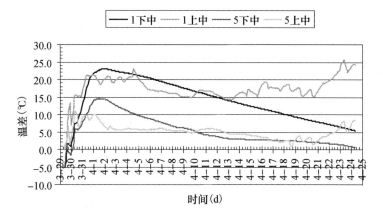

图1.6.11 1#、5#点实测里表温差曲线

实测结果表明：在设计的养护技术指标及对应的技术措施下，混凝土浇筑体的最大里表温差及降温速率能控制在 GB 50496 规范要求以内，并且实测温度场基本与理论计算温度场相一致，可见有限元理论分析确定的养护技术指标可行。

7 CPR1000 核电站基础大体积混凝土现场监控技术

7.1 概述

混凝土在浇筑过程中强度是一个动态变化过程，现场测试混凝土的强度是一个十分困难的问题。混凝土早期变化过程由于温度、收缩的共同存在和内外差异，形成了所谓的混凝土自身约束，简单地说，如果内部温度高，外表面温度低，由于混凝土热膨胀与温度相关，温度不同膨胀程度不同，内部温度高，膨胀的趋势大，外部温度低膨胀的趋势小，因此内部混凝土将受到约束受压，外部混凝土受到内部混凝土膨胀后由里向外的作用而受拉，反之则混凝土内部受拉，外部受压。混凝土水化收缩或膨胀造成混凝土内外变形不一致时同样会出现自约束的问题，可能会内压外拉或外压内拉。

测试混凝土的应力只能通过测试微观应变来解决，而应变的测试是一个复杂的过程，混凝土在变化过程中的有效应变的检测更加困难，实际产生应力的应变与实际测试得到的应变并不对应。

若干年来工程界只是以温度控制作为裂缝控制的主要指标，而产生混凝土裂缝的应力则无法进行现场监控，如果能够通过温度和内力的共同控制来抑制裂缝的产生则更为理想。

利用传感器测试混凝土的应变是一个非常困难的问题，一方面混凝土温度较高时传感器的稳定性不能有效保证，另一方面传感器输出数据的分析十分困难。传统电桥式应变只适用于短期测量，如果时间较长如超过 10d 时其输出将会变得不太可靠，尤其是混凝土温度超过 50℃时，温度漂移会相当明显。

在研究 CPR1000 核电站基础大体积混凝土时，我们采用了新一代弦式传感器测试混凝土的应变并对混凝土进行裂缝控制取得了非常好的效果。

7.2　测试方法

　　大体积混凝土在浇筑成型过程中的内部变化非常的复杂,产生应力的因素很多,比如温度的差异、水化收缩的差异,由于这些变化的不同步,造成不同区域形成所谓的内部约束,这种不同程度的约束造成不同区域产生相应的压应力或拉应力,应力场的分布相当复杂。

　　这种变形造成的应力场使用数学公式进行描述并不复杂,困难的是对这种数学公式进行明确的解。对于体块大的混凝土结构,温度场是一个动态变化过程,而且水化热的释放也是一个复杂过程,很难用一个精确的方式描述,总体来说,实际混凝土的温度场是一个无法完全掌握的动态演变过程。因此也就很难对温度应力进行全面评估。同时混凝土在成型的过程中,各种收缩和外界的约束同步存在,使得混凝土内部的实际应力没有规律。

　　既然混凝土的应力无法理论上进行准确阐述,因此可以通过检测的方法进行控制。

　　新浇筑的混凝土在温度演变过程中形成的相互约束使得混凝土的变形组成很复杂,应变传感器的输出包括:

　　(1) 测试部位温度变化时物理膨胀变形;

　　(2) 水泥水化作用时产生的化学收缩;

　　(3) 以上两种变形不同步产生的相互约束变形;

　　(4) 周边外界约束产生的约束变形。

　　以上这些变形统一在测试传感器中,有些是仅仅产生变形而不会产生应力,有些有应力产生而没有应变出现。形成所谓的自由约束、弹性约束和绝对刚性约束三种基本情况,以下为装置研究测试方法。

　　如图 1.7.1 所示,一个混凝土由上下两部分组成,两端由绝对刚性的材料连接,假设上下混凝土的温度分别为上升了 T_1 和 T_2。构件中埋没了 S_1、S_2、S_3、S_4 传感器。两端没有约束时,分别升长 $L_1 - T_1 \times \alpha$,$L_2 = T_2 \times \alpha$。如果将两端刚性连接后,则 L_1 多升长 ΔL_1,而 L_2 少升长 ΔL_2,最终变形一致协调,由此 L_1 内产生拉应力,L_2 内产生压应力。这一假设 L_1 和 L_2 是两个独立的构件相互之间只是端部连接,如果是一个整体则要复杂得多,首先这将不是一个简单的单向受力问题,内部将会存在剪力,使得问题变得十分复杂。

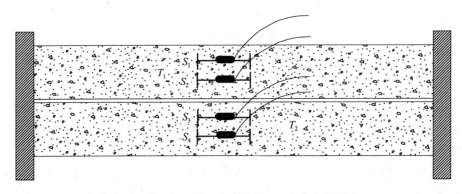

图 1.7.1 （变化前）约束条件下混凝土应变测量

下面来讨论纯温度问题，如图 1.7.2 所示，如果在构件 E_1 和 E_2 中分别埋设应变传感器 S_1 和 S_2、S_3、S_4，则 S_1 和 S_2 所测的应变不能反映结构所受到的应力状态，必须对非约束变形进行修正：

$$\varepsilon_f = \varepsilon_m - \varepsilon_t \qquad (1.7.1)$$

式中　ε_f——混凝土受力应变；

　　　ε_m——应变传感器测得的实际应变；

　　　ε_t——测试点混凝土的温度应变。

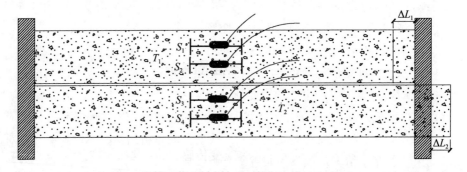

图 1.7.2 （变化后）约束条件下混凝土应变测量

根据公式（1.7.1）所计算得到的应变为混凝土实际受力状态的表示，其中 ε_t 是不知道的，其物理含义是测试点混凝土的温度膨胀特性，问题是混凝土的热膨胀率在不同时期是有变化的，如何进行测试，为此在混凝土内设置一个纯自由装置用以测试混凝土的温度自由伸缩。装置如图 1.1.4 所示，在一个直径为 150mm 长 350mm 一端封闭的圆形钢管内，安装好一个应变传感器。钢管内壁四周放置 1mm 厚发泡塑料，在混凝土内不同的位置。混凝土浇筑时同时将该钢管注满混凝土。钢管内混凝土在固化过程中随着温度的变化将发生物理变形。忽略水化等其他变形时，传感器测试得到的变形即为混凝土温度变形。假设该装置相同位置混凝土内埋设一支应变传感器，则按照公式（1.7.1）即可计算出混凝土的受力应变。需要说明的是混凝土的应力-应变是一个三维体系，利用一个方向的应变关系计算出混凝土的应力不完全准确，数值偏于保守。

混凝土的变形不仅仅由温度引起，水泥在水化过程中也会拌随着变形，可以是膨胀也可以是收缩，这一特性比温度收缩要复杂得多，比如不同位置由于温度的差异，水化收缩完全不同，材料的不均匀性，各种水泥外加剂等都会造成混凝土在水化过程中收缩的差异。这一差异与温度差异造成收缩变形一样会引起应力，从而造成混凝土的开裂。测试混凝土水化收缩引起的额外应力是十分困难的。

仔细研究一下水化收缩变形过程，其与温度收缩特性基本一致，由于内外不同区域的收缩不同以及混凝土边缘的约束，都会有附加应力的产生，通过分析发现，混凝土水化收缩的过程和特点与混凝土温度差异造成的应力特征相似，当外部收缩大内部收缩小时，产生的应力与温度外面低内部高时产生的应力特征相似。

现场混凝土的应力同时包含混凝土的温度应力和水化收缩应力，不同部位的混凝土应力与这两种状态密切相关。

7.3　工程应用

使用振弦式应变传感测试混凝土温度变形，输出稳定，通过修正，数据十分稳定正常。

在 3m 厚核电站基础中埋设了多个应变传感器，主要是环向和径向，分布如图 1.7.3 所示。测点的布置按照预先的计算进行布置，应变测试点分两类，一类测试混凝土的实际输出应变，该部分应变包括混凝土的弹性应变，另一部分为非弹性应变。非约束点测试的是非弹性应变，两者相减即为混凝土的弹性应变。图 1.7.4 为混凝土的非弹性应变，是混凝土水化过程中混凝土的自由变形。

图 1.7.5 为混凝土的弹性变形，直接反映了混凝土的受力状况。图 1.7.5 混凝土应变曲线中间有向上的变形，表明传感器中间位置出现了裂缝，突变越大，裂缝越宽。

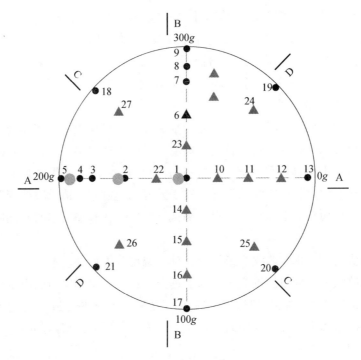

图 1.7.3　应变测点布置

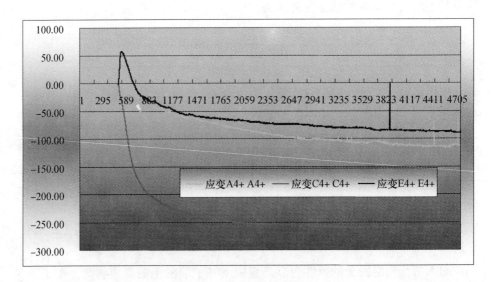

图 1.7.4　混凝土的非弹性应变

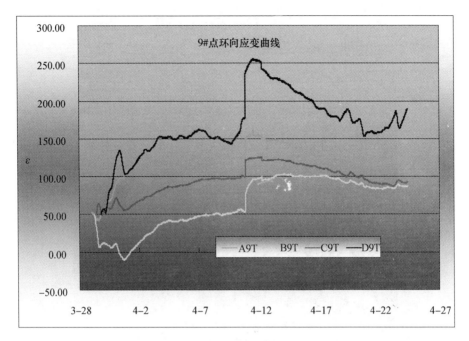

图 1.7.5　混凝土的弹性变形

　　向下突变说明传感器附近位置混凝土出现裂缝后使应力释放。通过应变突变值可以计算出混凝土裂缝的宽度。

　　新浇筑混凝土在弹性变形条件下的界限开裂应变值基本在 $150\mu\varepsilon$ 和 $200\mu\varepsilon$ 之间。如何控制混凝土的裂缝是研究大体积混凝土的主要目的。从理论上说，混凝土的温度应力是可以任意控制的，主动对混凝土温度进行干预从而调节混凝土的温度应力是可以办到的。最为关键的是如何克服混凝土水化收缩。不同部位，不同温度下混凝土水化收缩可能不一样，因此确定每个测点混凝土弹性变形非常困难。设置非约束点非常重要，相同特性的位置可以设置一个参考点测试混凝土的水化收缩从而有效获得混凝土的弹性约束，可以比较准确地控制混凝土的裂缝。

　　混凝土配合比决定后，混凝土的水化收缩即为一定，施工前的全性能实验收缩试验很难与现场一致，同时一旦混凝土水化收缩过大会对混凝土造成过大的附加应力，则混凝土的裂缝非常容易出现，在此情况下，利用温度应力的可调节特性可以对水化收缩应力进行弱化，从而降低混凝土的整体应力从而控制混凝土的裂缝。作者在 5 个核电站大体积混凝土基础中，运用温度应力来控制水化收缩应力从而有效控制裂缝取得显著效果（图 1.7.6）。

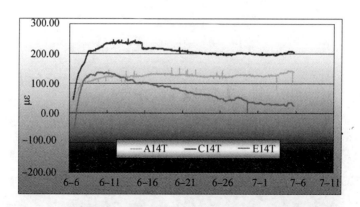

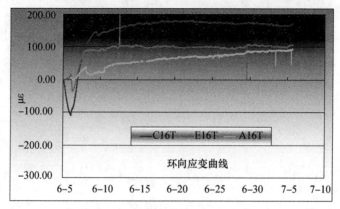

图 1.7.6　混凝土弹性应变

7.4　小结

　　大体积混凝土裂缝控制是相当困难的工作，裂缝的出现不仅仅由于温度，收缩也是一个十分重要的原因，对收缩的规律掌握要更困难，往往无法定量分析和预测。通过现场检测是一个可行的方法，但是通过现场监控来控制大体积混凝土裂缝，是一个十分困难的工作。通过设置非约束自由点的方法来实际测试混凝土的水化收缩，进而通过调节温度应力和收缩应力来控制混凝土内的整体应力来降低混凝土出现裂缝是一个可行的方法。

　　本书作者已进行 5 个核电站工程的实际操作，取得了宝贵的经验，所有工程都获得成功，证明测试方法和利用温度应力平衡收缩应力的方式具有相当的可行性。

8 "动态设计养护"法

8.1 背景

如何有效地进行核电站大体积混凝土浇筑裂缝控制，缩小甚至消除裂缝，一直是长期困扰核电建设者的难题。从早期核电站建设开始，核岛筏基浇筑过程中就伴随有裂缝产生，很多专家学者对此进行了长期的研究探索，前期主要集中于减小混凝土浇筑尺寸、提高浇筑施工质量、降低水泥水化热等研究，取得了一定的进展，但核岛筏基仍有明显裂缝。

核电站安全壳和筏基采用的是高强度的混凝土，实际施工强度达到C50以上，且对粉煤灰及矿粉的掺加比例严格控制，不允许添加膨胀剂或抗裂纤维等抗裂材料，常规混凝土施工中采用的降低水泥水化热和混凝土温度等很多措施无法使用，很大程度上增加了裂缝控制的难度。为了有效地进行裂缝控制，中冶建筑研究总院有限公司与中广核工程有限公司进行了长期的研究探索，积累了大量工程实测数据和理论分析成果，提出了"动态设计养护"法，并已经成功地应用于红沿河核电站2RX~4RX、宁德核电站2RX、阳江核电站1RX~2RX等6个核岛筏基的浇筑项目中，混凝土拆模后均无明显裂缝，得到了核电业内专家、业主、施工单位和质量监督站的高度评价。

本节介绍"动态设计养护"法的核心思想和主要内容，通过结合核电站筏基整浇养护项目，阐述该方法在工程实际中的应用。这里需要特别说明的是："设计"是指"设计混凝土最优养护曲线"，"动态养护"是指"实时动态调整养护措施"；"设计"是"动态养护"的坚实基础，"动态养护"是"设计"实现的必由之路，二者相辅相成，其共同目的都是为了有效地控制裂缝。

8.2 方法概述

"动态设计养护"法的目的是有效进行混凝土裂缝控制，其核心思想是

"优化设计混凝土养护期间的温度场和应力场,并根据现场监控数据实时动态调整养护措施,以保证温度分布和应力分布在受控范围内",该方法的主要内容归纳如下:

(1)有限元建模分析。建模前必须认真研究筏基模板图、配筋图等全部图纸,依据混凝土的材料配合比和力学性能各参数,应用有限元软件(如Ansys)建立筏基结构的三维有限元数值计算模型,以此作为温度监控分析的理论基础。

(2)模型调整和优化,设计混凝土最优养护曲线。混凝土养护期间内要经历升温期和降温期,覆盖材料的保温系数、几何尺寸、覆盖时间的不同取值,直接影响到微分方程的边界条件取值,进而影响混凝土的温度场和应力场分布。必须结合混凝土浇筑施工方案,对覆盖层的保温系数、几何尺寸、覆盖时间的不同组合进行试算,给出最优化的设计组合,进而设计出混凝土最优养护曲线。此过程通常要反复调整模型试算多次。

(3)确定养护期间裂缝控制指标。根据裂缝控制的需要,一般应将混凝土应变、内外温差、降温速率作为控制指标,养护过程必须进行实时数据采集和监控。

(4)制定温度应变监控方案和应急预案,监控过程中动态实时调整养护措施。依据有限元分析计算结果,确定混凝土内部应力峰值位置和主应力方向,设计传感器布置图和控制指标的限值;制定应急预案,明确规定具体调整措施,如养护中出现参数超限,须立即启动应急预案。总之,必须依据监控数据,科学地动态地调整养护措施,以保证温度场和应力场分布近似于最优养护曲线,最终保证裂缝控制的顺利实施。

(5)数据整理和方法总结。通过监控数据的整理分析和总结,寻求更高效率、更低成本的养护方法,不断丰富该方法的内涵,不断扩展该方法的应用范围,为后续核电站大体积混凝土的整浇养护工作提供参考依据。

8.3 有限元建模计算

为了更好地掌握核电站筏基连续整体浇筑的混凝土温度和应变分布规律,进而做到"有的放矢"地控制裂缝,作者根据筏基结构的受力特点,结合以往核电站筏基混凝土浇筑的经验,应用 Ansys 软件就 3m 厚筏基整浇和 3.8m 厚筏基整浇两类工程分别设计了三维有限元数值计算模型,以此作为温度监控分析的理论基础,模型各项计算参数均与现场实况保持一致。前者应用于红沿河核电站 2RX、宁德核电站 2RX、阳江核电站 1RX，后者应用于红沿河核电站 3RX ~ 4RX、阳江核电站 2RX。

3m 厚筏基整浇和 3.8m 厚筏基整浇两类计算模型分别如图 1.8.1 ~ 图 1.8.2 所示。

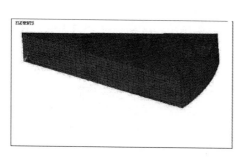

图 1.8.1　3m 厚有限元模型（局部）　　　图 1.8.2　3.8m 厚有限元模型

混凝土单元采用的是 Solid70 3D 实体结构单元。Solid70 具有三个方向的热传导能力，可实现匀速热流的传递。该单元有 8 个节点且每个节点上只有一个温度自由度，可以用于三维静态或瞬态的热分析。

有限元建模设计的混凝土材料和力学参数主要有：混凝土配合比、混凝土比热、水泥水化热、表面和侧面保温层的传热系数、滑动层的传热系数和摩擦系数、基岩和大气环境温度、混凝土入模温度等。

3m 厚筏基有限元分析计算所得的温度场分布、温度曲线、内外温差、降温速率、水平应变时间曲线、竖向应变时间曲线如图 1.8.3 ~ 图 1.8.8 所示。

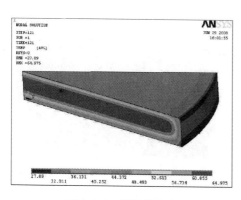
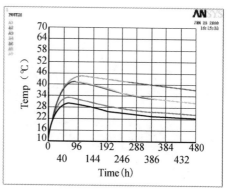

图 1.8.3　温度场分布　　　　　　　　图 1.8.4　温度曲线

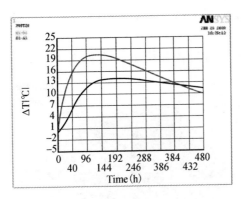

图 1.8.5　内外温差

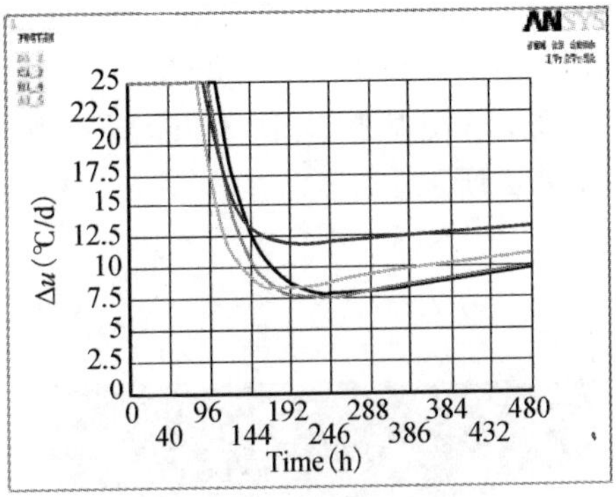

图 1.8.6　降温速率

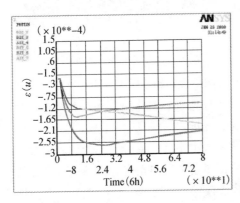

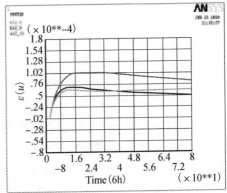

图 1.8.7　水平应变

图 1.8.8　竖向应变

3.8m 厚筏基有限元分析计算所得不同时间温度场分布如图 1.8.9 ~ 图 1.8.12 所示。

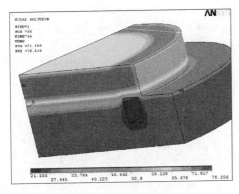

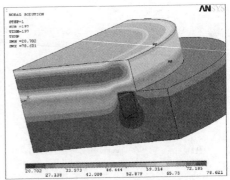

图 1.8.9　66h 温度场分布图

图 1.8.10　197h 温度场分布图

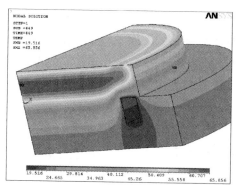

图1.8.11　449h温度场分布图

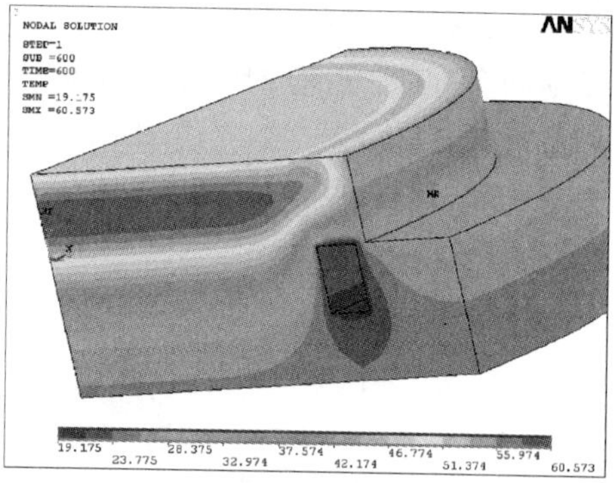

图1.8.12　25d温度场分布图

　　3.8m厚筏基有限元分析计算所得的浇筑后第100h混凝土应力分布如图1.8.13～图1.8.16所示。

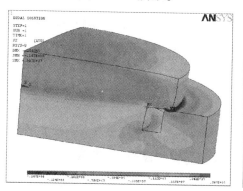

图1.8.13　径向应力分布图

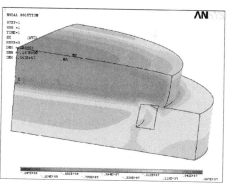

图1.8.14　环向应力分布图

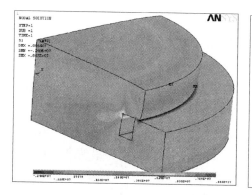

图1.8.15　第一主应力分布图

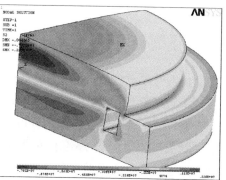

图1.8.16　第二主应力分布图

根据有限元分析数据可知，混凝土养护过程按时间划分可分为升温期和降温期两个过程，升温期内部温升较快、应变增加也快，须及时覆盖保温；降温期虽温度降低较慢，但是混凝土收缩效应凸现，混凝土收缩拉应变和降温拉应变叠加在一起是比较危险的，所以降温期必须依据温度应变数据，科学地动态调整养护措施。

8.4 监控指标

现场养护监控的目标是：通过对温度场及应力场分布的实时监控，为混凝土科学养护提供量化依据，动态调整养护措施，以保证温度场和应力场分布近似于最优养护曲线，最终达到缩小甚至消除混凝土出现有害裂缝的目的。

一般将混凝土应变、内外温差、降温速率作为控制指标，实时不间断地进行数据采集。根据 GB 50496 规范要求和筏基混凝土监控的经验，各控制指标限制如下：

（1）拉应变：混凝土拉应变过大，会导致该处混凝土开裂，所以拉应变监控尤为重要，根据 GB 50496 规范和研究数据，混凝土拉应变应控制在 $155\mu\varepsilon$ 以内。

（2）内外温差：参考 GB 50496 规范和核岛筏基现场实测数据，内外温差应控制在 25℃ 以内。

（3）降温速率：参考 GB 50496 规范和核岛筏基现场实测数据，降温速率应控制在 2℃/d 以内。

8.5 温度应变监控方案

根据有限元数值计算数据，分析结构的混凝土温度场和应力场的分布规律，从而判断混凝土的主控截面和截面主应力方向，科学地布置传感器的分布和安装方向，制定温度应变测点布置方案。

以某核电站 3.8m 厚筏基整浇为例，在 A/B/C 层混凝土中沿两个主要半径方向布置温度应变测点，内部测点沿高度方向布置 3 层（中心点为 4 层），每个测点均布置径向、环向和竖向传感器，外测点为 5 层传感器，测点布置图见图 1.8.17 ~ 图 1.8.18，但并不仅限于图示测点。

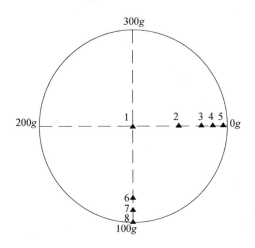

图 1.8.17　测点平面图

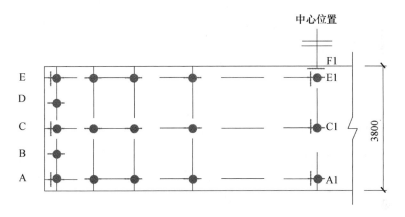

图 1.8.18　测点剖面图

8.6　动态养护

在养护期间，必须依据监控数据，科学地、动态地调整养护措施，以保证温度场和应力场分布近似于最优养护曲线，保证裂缝控制的顺利实施。当现场所测得的温控指标接近所设置的温度警戒值，并有继续超限的趋势时，应及时调整养护措施。常用的调整办法有：

（1）当内外温差过大时，应迅速将养护棚帆布覆盖好，调整保温层和覆盖层的厚度，以此来保证缩小混凝土内外温差。覆盖时要保证上部覆盖层处于干燥状态，保证其保温效果；

（2）当降温速率过大时，应及时检查混凝土表面是否有局部积水现象，表面保温层是否覆盖完全，是否存在混凝土表面发白等失水问题，一旦发现必须及时解决。

（3）当局部拉应变过大时，应结合内外温差、降温速率等控制指标综合考虑，找出成因，及时解决。若是环境气温下降造成局部拉应变过大，可考虑局部加热措施。

为了保证养护能落实到位，应重点做好如下养护工作：

（1）为使混凝土表面始终保持湿润，要派专人定时揭开麻袋片和塑料薄膜观察混凝土表面情况，特别要注意竖向插筋的根部，应及时向混凝土表面浇水，保证底部麻袋片充分湿润。

（2）现场应经常检查覆盖层的完整情况，有破损的覆盖层应及时撤换，保证覆盖层具有良好的保温保湿效果。

（3）为了更好地缩短养护时间，达到节省工期的目的，当混凝土的降温速率持续偏低时，可适当地揭开养护棚的帆布进行通风，同时监测数据变化。

8.7 小结

本文介绍的"动态设计养护"法，历经国内 6 个核电站筏基整浇养护的考验，均圆满地完成了预期裂缝控制的目标，混凝土拆模后均无明显裂缝，充分体现了该方法的优越性。"动态设计养护法"之所以能够取得成功，取决于符合现场实际的有限元计算分析，行之有效的温度应变监控方案，科学的动态养护调整，这三方面因素落实的越好，该方法的效果就越显著。

展望未来，"动态设计养护"法必将在核电站筏基整浇养护中发挥更加优异的作用。

9 高温高湿环境核电站核岛筏基整体浇筑温度应变监控研究

9.1 背景

某核电站濒临南海，周围为滨海丘陵山地，中间为一"U"形沟谷，两侧为山丘。6月份该地区日平均温差在 5~6℃ 左右，空气潮湿，降雨量大，经常有台风和热带风暴过境。某核电站 BRX 筏基 A/B/C 层为半径 19.75m 的圆形基础，其中 A 层厚 1.2m，B 层厚 1.8m，C 层厚 0.8m，合计混凝土总量为 4498m³。混凝土强度等级为 PS40，硅酸盐水泥含量 350kg/m³，Ⅰ级粉煤灰 50kg/m³，5~16mm 粒径级配碎石 440kg/m³，16~31.5mm 粒径级配碎石 660kg/m³，混凝土坍落度 120±20mm，28d 抗压强度 >50MPa，浇筑混凝土入模温度约30℃。该筏基采用分层分段推移式连续浇筑法，浇筑从 50g 向 250g 方向推进，全部浇筑完毕共计用时 40h。

2009 年 6 月，作者作为应变和温度监控负责人参与了某核电站 BRX 筏基的整体浇筑施工和养护全过程，经有效的温度应变监控养护工作，拆模后混凝土表面未见明显裂缝。此次 BRX 筏基整浇成功，实现了我国南方高温高湿地区核电站筏基大体积混凝土整浇无裂缝的历史性突破，为核电站筏基整体 3.8m 厚度一次性整体浇筑在全国范围内的大规模推广应用奠定了坚实的基础，也再一次验证了温度应变监控方法在核电站筏基整浇施工中的可行性和重要性。

混凝土连续整体浇筑温度应变监控的目的是：

（1）落实核电站对于混凝土浇筑的严格质量要求，结合核电站筏基整体浇筑施工的特点，行之有效地控制及避免混凝土裂缝的产生。

（2）为后期核电站混凝土筏基以及安全壳整体浇筑积累经验数据，研究开发更为先进可靠的混凝土整浇施工和养护技术提供安全保障。

9.2　有限元仿真计算

为了更好地掌握某核电站 BRX 筏基 A/B/C 层连续整体浇筑混凝土内部的温度和应变分布规律，进而做到"有的放矢"地控制裂缝，作者进行了大量的文献调研和比对分析，根据 BRX 筏基结构的受力特点，结合以往核电站筏基混凝土浇筑的经验，应用 Ansys 软件设计了三维有限元数值计算模型，以此作为温度监控分析的理论基础，模型各项计算参数均与现场实况保持一致。以 BRX 筏基为例，其有限元计算模型、温度场分布、中心点温度时间曲线、应力场分布的计算结果如图 1.9.1～图 1.9.4 所示。

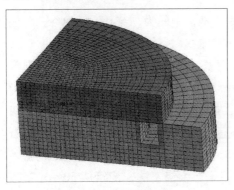

图 1.9.1　有限元模型

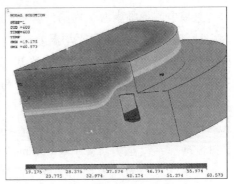

图 1.9.2　温度场分布

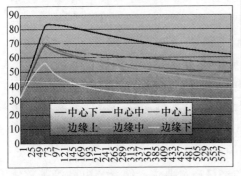

图 1.9.3　中心点温度曲线

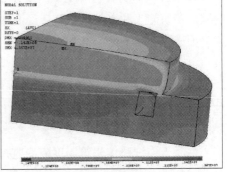

图 1.9.4　应力场分布

9.3　温度应变监控方案

根据 Ansys 有限元数值计算数据，分析结构的各种施工和温度工况下的混凝土应力场和温度场分布规律，从而判断混凝土的主控截面和截面主应力方向，科学地设计传感器的位置，制定温度应变测点布置方案。在 A/B/C 层混凝土中沿两个主要半径方向布置温度应变测点，内部测点沿高度方向布置 3 层（中心点为 4 层），每个测点均布置径向、环向和竖向传感器，外测点为 5 层传感器，测点布置图见图 1.8.17 ~ 图 1.8.18，但并不仅限于图示测点。

温度应变监控设备主要有：温度应变传感器、多节点中继式采集系统、电子计算机等。温度应变传感器（可以同时进行温度和应变双重采集）埋设于混凝土内部，测点的温度和应变数值通过温度应变传感器传输到数据中继模块，经多节点中继式采集系统传输到电子计算机，经专门软件分析后可以即时显示当前测点的温度和应变值。

温度应变传感器的安装及保护应符合下列规定：

（1）测温及应变传感器安装位置应准确，固定牢靠，并与结构钢筋绝热；

（2）测温及应变传感器的引出线应统一规划、集中布置，并加以保护；

（3）安装就位的传感器及引出线应以警示带等做出明确标识；

（4）混凝土浇筑过程中，下料时不得直接冲击测温传感器、应变传感器以及其引出线；

（5）混凝土振捣时，振捣器不得触及测温传感器、应变传感器以及其引出线；

（6）所有引出线端子在施工监测期间均引入主控制室，并做好保护。

9.4　温度应变监控分析

BRX 筏基 A/B/C 层混凝土入模温度约 30℃，在整个养护监测过程中，混凝土中心点（C1）最高温度达到 78.61℃，温升 50.88℃（C1 位置混凝土浇筑温度 27.73℃，历经 82.2h 达到最高温度）。从数据分析可知，现场温度和应变监测数据规律与有限元建模计算规律相一致，基本达到了预先设计的保温养护效果。

以中心点 1#点和 4#点为例，该筏基温度监测曲线如图 1.9.7 ~ 图 1.9.8 所示。

从 BRX 筏基温度监测曲线分析可知，温度场的分布规律大体如下：

（1）筏基竖向温度比较：同层中间温度高，上下层温度低。

（2）筏基径向温度比较：圆心内大部区域同层温度较接近，由内向外温度沿径向逐渐变小。

（3）整个监控过程中，内外温差始终保持在 25℃ 以内，降温速率控制在 2℃/d 以内，达到了预期目标。

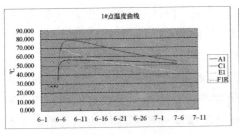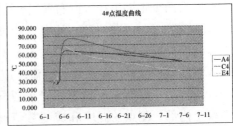

图 1.9.7　1#点温度监测曲线　　　　图 1.9.8　4#点温度监测曲线

下面以中心点 1#点和 4#点为例，对应变监测数据进行分析，BRX 筏基应变监测曲线如图 1.9.9 ~ 图 1.9.10 所示。

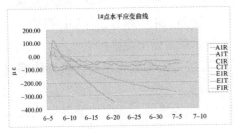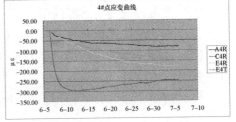

图 1.9.9　1#点应变监测曲线　　　　图 1.9.10　4#点应变监测曲线

从筏基应变监测曲线分析可知，应变分布规律大体如下：

（1）筏基中心绝大部分区域，在不考虑表面收缩的情况下环向及径向基本为压应变，只有筏基外侧壁部分区域环向为拉应变。

（2）应变曲线发展趋势基本与内表温差发展趋势相一致，升温阶段拉、压应变增长较快，降温阶段，拉压应变增加较缓。

（3）整个养护期间，混凝土拉应变控制在 $150\mu\varepsilon$ 以内，可有效地控制混凝土裂缝开展。

综上所述，现场 A/B/C 层混凝土应变监控数据规律与有限元建模计算规律相一致，基本达到了预先设计的保温养护效果。传感器采集数据精确及时地反映了混凝土的温度应变分布状况，为有效地调整养护措施提供了非常重要的依据。

BRX 筏基整体浇筑养护克服高温高湿环境不利影响的具体措施有：

（1）在现场采用分层分段斜向推移法浇筑过程中，进行了冰袋降温、钢筋遮挡防晒、浇筑管道覆盖喷淋等降温措施，有效地降低了混凝土内部温升，克服了高温环境对混凝土的升温影响。

（2）冲毛完成后，在混凝土表面覆盖多层麻袋片和塑料布进行保温、侧面实施带模养护。在养护过程中，依据监控数据实时调整覆盖层的厚度，做到动态科学养护。

（3）搭建"晴天通风、雨天防雨"的养护棚，变被动隔热为主动导热，为潮湿空气主动创造通风环境，空气流通有效地降低了混凝土表面温度，克服了高湿环境的不利影响，缩短了养护工期。

9.5　小结

据业主公司、委托方和检测方的联合现场裂缝详查，BRX 筏基 A/B/C 层整浇混凝土结构未出现明显裂缝，温度和应变监控取得了非常好的效果，有效地控制了裂缝产生。

BRX 筏基 A/B/C 层整浇温度监控的意义在于：

（1）成功地将为核电站筏基整体 3.8m 厚度整体浇筑推广到南方高温高湿地区，为该项技术在全国范围内的大规模推广应用奠定了坚实的基础，也再一次验证了温度应变监控方法在核电站筏基整浇施工中的可行性和重要性。

（2）在切合实际的温度应变监控方案指导下，即使混凝土中心温度超过80℃，也可以实现混凝土无明显裂缝。

（3）以精确计算数据为理论基础，依据现场实测数据，科学地调整养护措施，减小裂缝宽度、控制裂缝生成是可以实现的。

10 CPR1000 核电站基础多层整体浇筑可行性有限元分析

10.1 有限单元法温度分析

混凝土应力分析是建立在温度分析基础之上，为此首先应进行混凝土热分析。热分析采取 Solid70 实体有限单元，计算模型主要参数如下：基础半径 19.75m，基础厚度分别为 1.2m、3.0m、3.8m，有限元模型 $\theta = 90°$（考虑结构的对称性），滑动层厚度 0.1m；混凝土入模温度 10℃，其他非基础节点初始温度 5℃，养护期最高、最低气温分别为 20℃、3℃；基础、廊道混凝土及基岩密度 2400kg/m³，其导热系数和比热容分别 2.33W/（m·℃）、970J/（kg·℃），滑动层导热系数取 1.165W/（m·℃）；水泥用量 390kg/m³ 另加 50kg/m³ 粉煤灰，水化热模式 $hot(i) = 137997000(1 - \exp(-0.6955 \times i/24))$（$i$ 为计算时间 h）；基础表面保温层传热系数为 1.67W/（m²·℃）（该值是根据 AB 层在上述环境下整体浇筑可行基础上分析得到的，由此确定养护技术措施并应用于实践）；岩层与大气表面的传热系数 12.5W/（m²·℃）。三种不同厚度理论分析有限元模型及边界条件如图 1.10.1 所示。

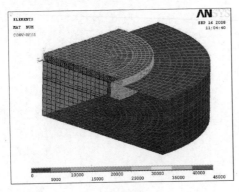

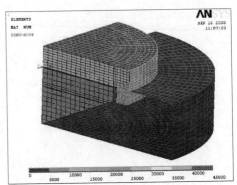

(a) 1.2m (b) 3.0m

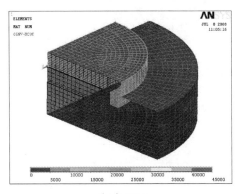

（c）3.8m

图1.10.1 有限元模型及边界条件

理论分析参考点对应应变监测测点，如图1.10.2所示。图1.10.3～图1.10.5分别为1#、4#、5#点中间层对应三种不同浇筑厚度的计算温度曲线。从图中可以看出：同条件混凝土在既定同等的养护技术条件下，浇筑厚度越大，基础对应点的温度越高。

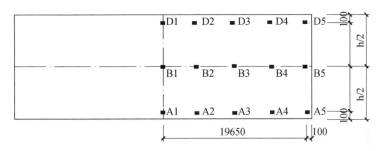

图1.10.2 基础分析参考点位图

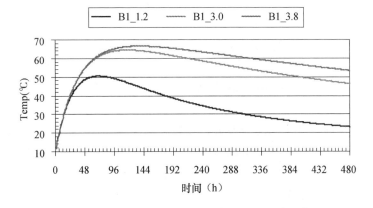

图1.10.3 三种厚度基础中心点（B1）温度比较

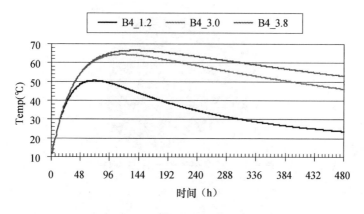

图 1.10.4　三种厚度基础 B4 点温度比较

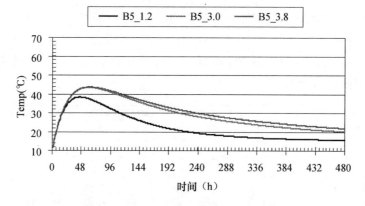

图 1.10.5　三种厚度基础 B5 点温度比较

进一步分析表明：同条件混凝土在同等养护技术条件下，基础浇筑厚度增加，竖向、径向里表温差也增加。如果按照《块体基础大体积混凝土施工技术规程》里表温差指标进行监控，对于厚度越大的基础，其里表温差越难以控制，另一方面也反映了规程在不区分具体条件下给出统一温控指标的局限性。

10.2　有限单元法应力分析

混凝土裂缝的产生和应力形成直接相关。温度场的不断变化造成了应力的累积，不合适养护形成的温度场势必导致温度裂缝的产生。温度应力分析采取 Solid45 实体有限单元，分析模型与温度分析模型一致，其主要参数如下：基础混凝土弹性模量、密度、泊松比、线膨胀系数分别为 $E(i) = (1 - \exp(-0.09i)) \times 3.45 \times 10^{-10} Pa$、$2400 kg/m^3$、$0.167$、$1.0 \times 10^{-5}$。

图 1.10.6～图 1.10.11 给出了不同浇筑厚度基础中心 1#、4#、5#点上表面和中间层的环向及径向应力曲线，其中 X 表示径向，Z 表示环向。

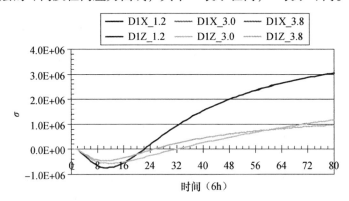

图 1.10.6　三种厚度基础 1#点上表面（D1）径/环向应力比较

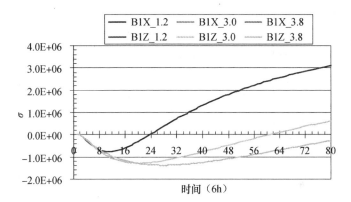

图 1.10.7　三种厚度基础 1#点中间层（B1）径/环向应力比较

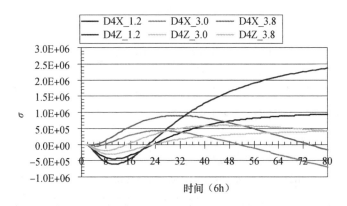

图 1.10.8　三种厚度基础 4#点上表面（D4）径/环向应力比较

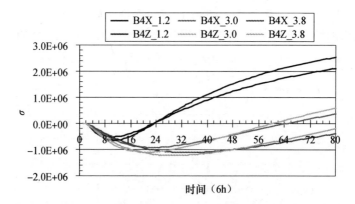

图 1.10.9 三种厚度基础 4#点中间层（B4）径/环向应力比较

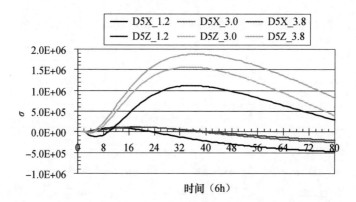

图 1.10.10 三种厚度基础 5#点上表面（D5）径/环向应力比较

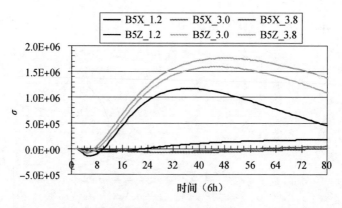

图 1.10.11 三种厚度基础 5#点中间层（B5）径/环向应力比较

分析上述曲线：除外侧壁少数区域外，基础表面和中间层的径向及环向温度应力基本随浇筑厚度的增加而减小；基础外侧壁极小区域，除中间层径向温度应力随浇筑厚度的增加而减小，其余均随着浇筑厚度增加而增加，但增加幅度较小。进一步研究表明：在继续加大基础侧壁保温措施的前提下，可有效的控制侧壁混凝土的环向拉应力，并且随浇筑厚度增加侧壁温度应力的变化规律与中心点温度应力的变化规律趋于一致。可见在侧壁保温措施很好的前提下，基础侧壁温度拉应力与同中心温度拉应力均随着浇筑厚度的增加而减小甚至表现为压应力。

10.3　结论

本节通过在等同养护技术条件下相同条件混凝土基础随浇筑不同厚度对施工温度应力的影响有限单元法分析，得出结论如下：

（1）基础浇筑厚度的增加，相应的温度拉应力减小，更有利于混凝土施工裂缝的控制，但要注意加强基础侧壁混凝土的保温。

（2）CPR1000 基础混凝土在特定条件下实施整体浇筑是可行的。但应根据有限元分析确定合理的养护技术条件。

在有限元理论指导下某 CPR1000 核电站实施 AB 层混凝土整体浇筑取得了开创性的成功，理论温度应变曲线与实测约束应变曲线基本吻合，应变和温度控制良好，混凝土结构未见明显裂缝。并且 ABC 层混凝土整体浇筑可行性也在另一核电工程实践中进一步得到了验证。

11 混凝土无约束监测装置研制及应用研究

11.1 无约束监测装置介绍

（1）无约束监测装置的结构

无约束监测装置用于测量混凝土的自身体积变形，用以消除混凝土自身体积变形而造成约束应变计算误差。无约束监测装置主要由核芯传感器、无约束监测桶、滑动材料三部分组成。传感器采用振弦式应变计，无约束监测桶根据需要可以用钢桶或者塑料桶，桶周和桶底用浸湿的滑动材料敷垫。其结构型式如图 1.11.1 所示。

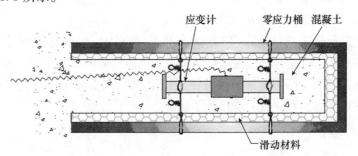

图 1.11.1 无约束监测装置结构示意图

无约束监测装置埋设前先将传感器组装在配套的无约束监测桶中，施工时注入混凝土并人工振捣密实后整体放入有代表性测点处。无约束监测装置根据需要也可以在就位前将振捣密实混凝土的无约束监测桶桶口封堵住。

（2）无约束监测装置的原理

无约束监测桶中的混凝土是杆状混凝土，其与桶的四周、底部（甚至顶部）均无约束（这也就是无约束监测装置命名的由来），处于完全自由状态，它随着混凝土水化温度变形而自由伸缩，植入杆轴上的传感器就是用来监测杆状混凝土自身体积变形。无约束监测装置测量变形的原理实质是弦式传感器测量应变的原理。弦式应变传感器是利用细钢弦的张力与其自身的自振频率的内在关系来测试结构的内部应变。由于每个应变传感器的内部具有温度测量功能，所以不再另设温度传感器，在对应变进行读数的同时，进行温度测量。

（3）无约束应变和约束应变计算

根据弦式应变传感器的工作原理，弦式应变传感器输出的基本变量是频率。但是，频率增量与对应变形增量不是线性关系，从频率增量很难了解实际变形大小。因而有的读数仪表增加了转换功能，它可以输出频率的转换变量——模数（其增量与应变增量具有线性关系）。当温度大幅变化时，还应考虑对传感器自身应变变化而引起的观测误差。为此，混凝土总应变（包括混凝土中温度引起的应变，加上荷载变化引起的应变）即传感器的实测应变计算公式如下：

$$\varepsilon_{\text{实}} = (R_1 - R_0) \cdot G \cdot C + (T_1 - T_0) \cdot CF_1 \qquad (1.11.1)$$

式中　R_1 为当前模数；R_0 为初始模数；G、C 分别为应变传感器标准系数和修正系数（通常在 $0.9 \sim 1.1$ 之间），具体大小参见厂家率定表；T_1 为当前温度；T_0 为初始温度；CF_1 为钢弦材料温度膨胀系数，一般取 $12.2\mu\varepsilon/℃$。

公式（1.11.1）中的实测应变包括混凝土的自由膨胀变形和收缩变形，因而约束应变应作如下修正：

$$\varepsilon_{\text{约}} = \varepsilon_{\text{实}} - \varepsilon_{\text{实}0} \qquad (1.11.2)$$

$$\varepsilon_{\text{实}0} = \varepsilon_{\alpha} + \varepsilon_{\text{s}} \qquad (1.11.3)$$

$$\varepsilon_{\alpha} = CF_2(T_1 - T_0) \qquad (1.11.4)$$

式中　$\varepsilon_{\text{实}0}$ 为混凝土无约束应变，即零应力装置的实测应变；ε_{α} 为混凝土自由膨胀变形；ε_{s} 为混凝土收缩变形；CF_2 为混凝土的线膨胀系数。

（4）线膨胀系数计算

对于无约束监测装置，其实测约束应变 $\varepsilon_{\text{约}} = 0$，如果在不计混凝土收缩的前提下，那么根据式（1.11.2）~式（1.11.4）可以推导出混凝土的线膨胀系数 CF_2。

11.2　无约束应变监测分析

实际结构中混凝土水化产生的变形十分复杂，包括温度变形和收缩变形，其温度变形包括产生热应力的变形和不产生热应力的自由变形，收缩变形包括塑性收缩、自缩、干缩、碳化收缩变形等等，工程监测中准确区分出各类变形并非易事。无约束监测装置测量的变形除受温度影响下的自由膨胀变形外还包括不同龄期不同程度的收缩变形，如何从无约束监测装置实测变形中区分出自由膨胀变形或收缩变形，这是个值得探讨的问题，截至目前实际工程应用中还没有一个比较完备的方法。

无约束应变监测最终目的是为了计算影响混凝土开裂的约束应变，公式 (1.11.2) 也正表明了为什么应变监测中要设置无约束应变监测装置的原因，只有知道了测点处无约束应变才能在实测应变中扣除不产生应力的应变。因而，监测更关注的是无约束应变具体量值而对其组分的大小并不是很在意。

实际监测中由于多种因素所致并不能保证每个测点均布设一个无约束监测装置，因而多数测点处的无约束应变量值缺乏即约束应变计算缺乏参考，实际监测中多采用近似的方法来处理，这也正是无约束应变监测装置布设应具有代表性的原因。

如果在不计混凝土收缩的前提下，无约束监测装置实测的主要是混凝土的温度变形并且是不产生热应力的自由变形，由此可以分析出混凝土的线膨胀系数或者称为等效线膨胀系数。反过来，根据等效线膨胀系数可以分析其他测点的约束应变。

无约束监测装置布设很有讲究，根据无约束应变测点的布设，还可以分析出不同区域混凝土的相对收缩量。对于较大基础的中心区域，它基本处于一种绝热绝湿状态。很多研究表明：绝热绝湿条件下水泥水化时的化学收缩，可正可负，变形很小；C_3A 及 C_3S 含量决定收缩的主要部分，其中 C_3S 影响较小；游离的 CaO、MgO 遇水可膨胀变形引起膨胀应力，所以必须严格限制。实际工程中混凝土材料对 C_3A、C_3S、CaO、MgO 等有害物质有严格的规定，因而基础中心区域的混凝土化学收缩可以忽略不计，在该区域埋设的无约束监测装置，其实测变形主要是混凝土的自由膨胀变形，这正是无约束监测装置监测混凝土线膨胀系数的一种有效测试方法。对混凝土表面无约束监测测点的布设，其实测变形包括混凝土的自由温度膨胀变形以及部分收缩变形，因为混凝土表面的环境比较复杂，它并非绝热也非绝湿，它时刻与外界环境产生热交换，同时又受到外界环境风霜雨雪的影响，甚至产生不同程度的干缩，特别是拆模或掀开养护层后干缩明显增加，因而收缩较大，更多时候收缩变形要大于自由膨胀变形。作为同种材料不同部位的混凝土，其自由温度膨胀变形虽不同，但温度线膨胀系数基本一致。为此，通过里表无约束监测测点的埋设，相互比较可以较真实的分析出混凝土的表面收缩量。

11.3　无约束监测装置工程中应用及成果

某 CPR1000 核电站基础为直径 39.5m，整体浇筑厚度 3m，施工中采取温控和应变监控措施，无约束监测装置埋设于基础中心及外缘中间层和顶层，具体位置如图 1.11.2 所示。

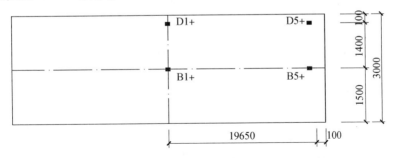

图 1.11.2 无约束监测测点布置图

根据监测数据分析无约束监测装置 B1 +、D1 +实测应变如图 1.11.3 所示；根据无约束监测装置的变形特点可计算基础中心混凝土的等效线膨胀系数，并作出曲线如图 1.11.4 所示。比较 B1 +、D1 +无约束监测装置实测应变可以推断出混凝土的 D1 +表面收缩应变如图 1.11.5 所示。未予收缩修正的表面无约束监测装置 D1 +等效线膨胀系数曲线如图 1.11.6 所示。

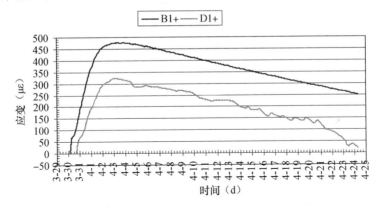

图 1.11.3 B1 +、D1 +无约束监测装置实测应变

从 B1 +实测混凝土线膨胀系数曲线，可以看出混凝土终凝后的线膨胀系数几乎没有改变，基本维持在 $11.0\mu\varepsilon/℃$ 左右，趋势是随着凝期增长，线膨胀系数略逐渐减小至 $10.62\mu\varepsilon/℃$，待一定时间之后又逐渐略有增加，截至终止监测时，线膨胀系数实测值为 $11.1\mu\varepsilon/℃$。进一步分析，混凝土线膨胀系数后期略有增加是有一定道理的，因为基础中心区域毕竟不是绝热绝湿的环境，特别是随着后期混凝土水化热不断散失，中心区域的化学收缩量也逐渐略有增加，而化学收缩量并没有从自由膨胀变形中扣除，因而后期等效线膨胀系数略大也情有可原。

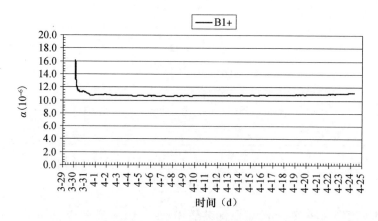

图 1.11.4　B1+实测混凝土等效线膨胀系数

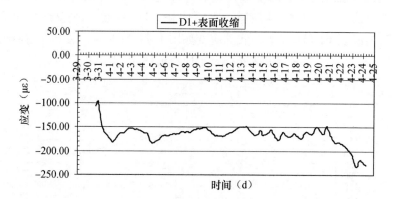

图 1.11.5　D1+表面收缩应变

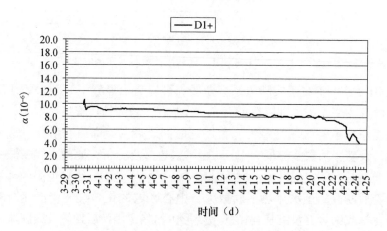

图 1.11.6　D1+实测混凝土等效线膨胀系数

对于 D1 + 表面收缩应变曲线分析，有趣的是，不少人研究认为混凝土的收缩主要集中在混凝土终凝后的最初数日，也正因此保湿养护显得尤为重要，而忽视了后期的保湿养护工作。从本次实测的表面收缩应变曲线，可以看出在4月20日养护层彻底掀开后，混凝土的表面收缩明显增加，约 $70 \sim 80 \mu \varepsilon$，可见对接近混凝土极限拉应变的区域如果在拆模后不注意保湿养护，混凝土出现表面裂缝的机会将大大增加。这也证实了实际工程中拆模时未发现一条裂缝，事后却发现许多裂缝的缘由。

11.4　结束语

（1）混凝土无约束监测装置的研制为实现混凝土应力应变监控提供了突破口，根据无约束监测装置的变形特点，可从实测应变中有效扣除不产生应力的自由应变，为约束应变计算提供参考；

（2）混凝土无约束监测装置的布置应结合具体工程合理布设，对混凝土收缩有明显差异的区域应分别设置无约束监测装置；

（3）根据无约束监测装置的变形特点，结合具体结构形态无约束监测装置的埋设，可为混凝土的线膨胀系数和表面收缩提供近似测试方法。

第 2 篇

CPR1000 核电站大体积混凝土温度应力变化规律分析及施工分层方案

1 有限元法及 Ansys 程序概述

1.1 有限元方法

"有限元法"就是将实体的对象分割成不同大小、种类、小区域（即称为有限元），然后根据不同领域的需求推导出每一个元素的作用力方程，组合整个系统的元素并构成系统方程组，最后将系统方程组求解的一种方法。有限元法实质上是近似求解一般连续域问题的数值方法，它最先应用于结构的应力分析，很快就广泛应用于求解热传导、热应力、电磁场、流体力学等连续介质问题。结构的有限元分析涉及力学原理、数学方法和计算机程序设计等几个方面，诸方面互相结合才能形成这一完整的分析方法。

有限元方法是与工程应用密切结合的，是直接为产品设计服务的，因而随着有限元理论的发展与完善，各种大大小小、专用的、通用的有限元结构分析程序也大量涌现出来。大型通用程序一般包括结构静力分析、动力分析、稳定性以及非线性分析等，有齐全的单元库和有效的求解手段。目前，一般的工程结构分析问题，都可以直接用通用程序求解，不必花费精力和时间另编写计算程序。但是为了合理地使用通用程序、准备数据以及恰当地分析计算结果，都要求对有限元基本理论及程序设计有一定程度的理解。

无论对什么样的结构（如平面、三维、板壳等），有限元分析的过程都是一样的、程序化的。一般典型的步骤为：

（1）结构的离散化，就是将要分析的结构分割成由虚拟的线或面构成的有限个单元体，并在单元体的指定点设置节点，使相邻单元的有关参数具有一定的连续性，并构成一个单元的集合体以代替原来的结构。

（2）选择位移插值函数，其目的是为了能使节点位移表示单元体的位移、应变、应力。

（3）单元特性分析就是利用几何方程、本构关系和变分原理最终得到单元刚度矩阵。

（4）集合所有单元的平衡方程，建立整体结构的平衡方程。将各个单元刚度矩阵合成整体刚度矩阵，然后再将单元的等效节点力列阵集合成总的荷载列阵。

（5）数值求解。

本篇采用的有限元分析程序为 Ansys 程序。

1.2　Ansys 程序简介

Ansys 有限元软件是一个多用途的有限元法计算机设计程序，是一款应用广泛的商业套装工程分析软件，是一个为了能用矩阵结构分析方法求解问题而建立并操纵一个数据库的系统，可用来求得结构、流体、电力、电磁场及碰撞等问题的解答。广泛用于连续介质力学的所有领域。它包含了前置处理、解题程序以及后置处理，将有限元分析、计算机图形学和优化技术相结合，成为现代工程学必不可少的工具之一。

Ansys 软件提供了不断改进的功能清单，具体包括：结构高度非线性分析、电磁分析、计算流体力学分析、设计优化、接触分析、自适应网格划分及利用 Ansys 参数设计语言扩展宏命令功能。其主要特点是：

（1）能实现多场及多场耦合分析的软件；

（2）能实现前后处理、求解及多场分析统一数据库的一体化 FEA 软件；

（3）具有多物理场优化功能的 FEA 软件；

（4）强大的非线性分析功能；

（5）多种求解器分别适用于不同的问题及不同的硬件配置；

（6）支持异种、异构平台的网络浮动，在异种、异构平台上用户界面统一、数据文件全部兼容；

（7）强大的并行计算功能支持分布式并行及共享内存式并行；

（8）多种自动网格划分技术；

（9）良好的用户开发环境。

本书是基于 Ansys 通用程序平台，开发了一套专用的混凝土热应力分析模型。

2 本篇程序编制思路、方法及假设

2.1 编制思路及方法

根据本篇课题的性质，属于混凝土施工热应力分析。施工热应力分析包括两个范畴，首先是温度场分析，其次为热应力分析。

根据理论分析指导应变及温控监控方案，最终指导施工养护的原则，温度场及应力场分析可以为施工养护措施提供具体技术指标。

在进行热应力分析之前，首先要解决的问题就是在结构内部建立温度场。通过 Ansys 分析程序完全可以得出结构在一定条件下的温度场。混凝土温度场分析是随后应力分析的基础。

为此，施工热应力有限元分析程序编制思路大体如下：

（1）温度场的分析：首先是设置参数，建立有限元模型（包括热边界条件的设定），然后根据试验结合经验建立混凝土水化热时程曲线，最后进行求解。

（2）应力场分析：首先是设置参数，建立有限元模型（包括结构边界条件的设置），然后使用循环命令分别调用温度场数据并分别求解。注意的是，应力场分析的模型必须与温度场的模型一致。

具体混凝土温度应力、应变的求解，程序编制采用了增量法，这是为了考虑施工期间混凝土固化过程特点（早期混凝土的弹性模量随时间而变化）这一重要因素。程序设计把浇筑时间划分为一系列的时间段：Δt_1、Δt_2、…、Δt_i、…、Δt_n，在第 i 个时段内的温度增量（即温差）为 $[\Delta T_i] = [T_i] - [T_{i-1}]$，由温差 $[\Delta T_i]$ 引起的混凝土弹性温度应变、应力增量分别为 $[\Delta \varepsilon_i]$、$[\Delta \sigma_i]$，总的应变、应力分别为 $\Sigma[\Delta \varepsilon_i]$、$\Sigma[\Delta \sigma_i]$。

2.2 计算假设

有限元计算采取的假设条件主要有以下几点：

（1）假设混凝土是连续的；

（2）假设混凝土是匀质的和各向同性的；

（3）假设混凝土是完全弹性的；

（4）假设混凝土的变形是很小的；

（5）假设混凝土内部水化程度是一致的，并且水泥水化热释放符合指数衰减规律，也因如此，混凝土的实际温度场和计算所采用的温度场会有一定的差别。

（6）假设混凝土水化终凝时间为 12h，也就是说前 12h 混凝土内部不产生应力的应变。

2.3　技术亮点

值得一提的是：这次编制的混凝土施工热应力分析有限元模型具有相当的通用性，可以用于不同材质的（混凝土、钢结构等材质）、不同实体模型（圆柱体、长方体或者其他异型结构）、不同边界（具体问题具体分析）、不同工艺的热应力分析问题。在程序具体使用时只需根据具体问题修改模型、边界条件及有关参数即可。

3 3.0m厚筏基温度场及应变应力场分析

3.1 温度场有限元计算模型

3.1.1 模型假设

有限元模型的建立取决于结构实体模型，有限元计算准确与否与有限元模型的建立有很大关系。如何根据具体结构实体模型来建立有限元模型，不同研究人员可能有不同的处理方式，这个问题有待于进一步探讨。根据筏基实体结构可以分析得出筏基从上到下大体具有的层次关系：

（1）非廊道区域：3m筏基、0.1m水泥砂浆找平层、不到1cm的防水层（柔性防水卷材）、0.1m水泥砂浆找平层、基岩；

（2）廊道区域：3m筏基、廊道盖板、廊道、0.7m廊道底板、0.1m水泥砂浆找平层、不到1cm的防水层（柔性防水卷材）、0.1m水泥砂浆找平层、基岩。

基于上述筏基及岩层结构层次关系，本课题有限元模型建立要考虑以下两点：

①因防水层卷材延性较好，应考虑防水层对上部筏基结构应力有一定影响（这点在红沿河1RX筏基施工应变及温控监测中得到了验证），有限元模型应有体现延性防水层的模型。

②因筏基浇筑在廊道、基岩上，筏基、廊道、岩层相互作用、统为一体，应考虑它们对筏基浇筑的影响，模型中应有体现廊道及基岩作用的模型。

为考虑上述两个因素，实际有限元模型中一方面将筏基底部的防水层等效成滑动层，另一方面增加了廊道模型以及基岩模型。这样建立的有限元模型与实体结构模型的吻合性较好。

有限元模型如图2.3.1～图2.3.5。

对于筏基模型：模型规划比较精细，充分考虑到模型节点与实际传感器埋设位置的一致性，因而在模型的上下表面及其侧面0.1m处分别规划出节点。这样，理论计算与实际监测的结论才有可比性。

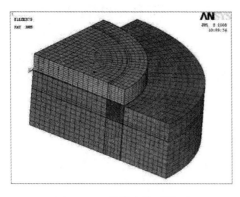

图 2.3.1　整体有限元模型

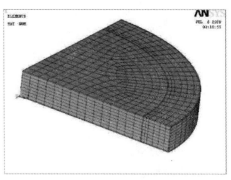

图 2.3.2　筏基有限元模型

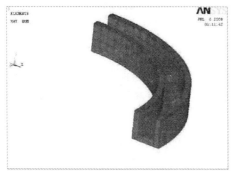

图 2.3.3　廊道有限元模型

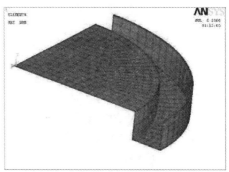

图 2.3.4　滑动层有限元模型

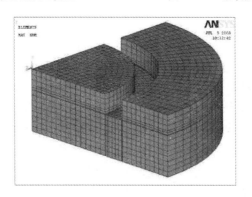

图 2.3.5　基岩有限元模型

对于廊道模型：按照实际廊道结构而建，其侧壁厚和底板厚均为 0.7m，廊道净高 2.6m，位置与实际对应。

对于滑动层模型：考虑到滑动层的影响，建立 0.1m 厚，其位置与实际结构一致，在材质上，其比重和比热接近于混凝土，其导热系数按混凝土导热系数一半考虑。

对于基岩模型：为避免考虑筏基与基岩界面的传热系数问题，基岩模型必须考虑足够大的范围，可以认为在一定范围之外的基岩，筏基浇筑对其基本不存在影响。

3.1.2　建模方式

温度场分析采取的是间接法建立有限单元模型，亦称自动网格建立法，即先建立实体模型（结构实体形状），然后根据边界来决定网格划分。

具体实体模型是通过先建立面，然后由面旋转生成体的由下往上的方式来建立。有限单元模型则是根据实体模型通过体扫略网格划分而成。

3.1.3　单元选择

温度场分析时混凝土单元采用的是 Solid70 3D 实体结构单元。Solid70 具有三个方向的热传导能力。该单元有 8 个节点且每个节点上只有一个温度自由度，可以用于三维静态或瞬态的热分析。该单元能实现匀速热流的传递。假如模型包括实体传递结构单元，那么也可以进行结构分析，此单元能够用等效的结构单元代替（如 Solid45 单元），这也就是下一节结构分析中用 Solid45 单元的缘由。Solid70 单元如图 2.3.6 所示：

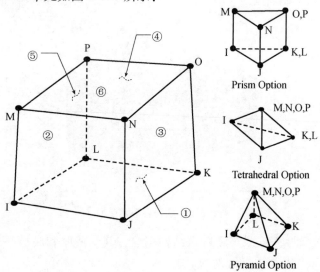

图 2.3.6　Solid70 3D 实体结构单元

3.1.4　边界条件

温度场分析中考虑到实体结构和外荷载（热流量生成）的环向对称性，实际计算采取的模型是 $\theta = 90°$ 的模型，在 $z = 0°$ 以及 $z = 90°$ 的两个边界上设置正对称，这样建立的有限元模型可较大的节省计算空间。

对于有限元模型其他界面需设置相应的传热系数和环境温度，而基岩底板和侧壁的传热系数则需通过调节基岩底板半径和深度以考虑浇筑的筏基对其不存在影响为前提下可以设置为零，也就是界面处于绝热状态。

特别注意的是，由于模型考虑了廊道结构，廊道结构内部各界面存在热交换，因而其界面应设置传热系数和廊道内环境温度，考虑到筏基底板与廊道之间存在廊道混凝土盖板，可以认为混凝土盖板是一层保温层，因而其传热系数比空气环境传热系数予以折减。以下对混凝土盖板的传热系数进行计算。

根据保温层的传热系数计算公式：

$$\beta = 1/\left[\sum \delta_i/\lambda_i + 1/\beta_q \right]$$

式中　β——混凝土表面保温层的传热系数，$W/(m^2 \cdot ℃)$；

　　　δ_i——各保温材料厚度，m；

　　　λ_i——各保温材料的导热系数，$W/(m \cdot ℃)$；

　　　β_q——空气层的传热系数，取 $12.5 W/(m^2 \cdot ℃)$。

这里，保温层材料廊道盖板的厚度为 0.25m，混凝土的导热系数为 $2.33 W/(m \cdot ℃)$

于是，对上式进行计算得，混凝土盖板的传热系数 $\beta = 5.34 W/(m^2 \cdot ℃)$，实际取 $12.5 \times 0.5 \left[W/(m^2 \cdot ℃) \right]$

这样，温度场分析的有限元模型便成功建立。计算模型表面传热系数云图如图 2.3.7 ~ 图 2.3.10 所示。

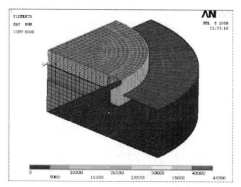
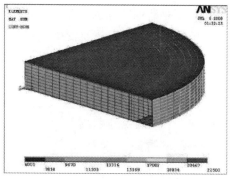

图 2.3.7　界面传热系数云图　　　　图 2.3.8　筏基界面传热系数云图

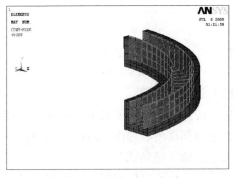
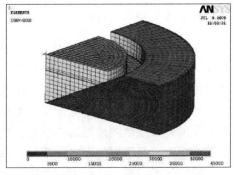

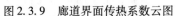

图 2.3.9　廊道界面传热系数云图　　　图 2.3.10　基岩界面传热系数云图

3.1.5　计算参数

分析温度场所用的参数取值如下：

（1）计算时间：

➢ 计算天数：day = 20d；

➢ 计算小时数：hour = day × 24（h）。

（2）监测期间环境温度

➢ 最高环境温度：air_max = 20℃；

➢ 最低环境温度：air_min = 3℃；

➢ 大气温度采用（air_max + air_min）/2 +（air_max/2 − air_max/2）× $\cos(\mathrm{PI} \times (i-7)/12)$，$i$ 为计算时间（h）。

（3）模型参数：

➢ 筏基半径：$r = 19.75\mathrm{m}$；

➢ 有限元模型角度：$\theta = 90°$；

➢ 传感器预埋位置至混凝土上下表面距离 c_bar = 0.1m；

➢ 传感器预埋位置至混凝土侧面距离 c_s = 0.1m。

➢ 滑动层厚度：proof = 0.1m；

➢ 筏基下基岩层厚度：h_rock = 10m，包括滑动层厚度；

➢ 筏基外缘基岩伸出的宽度：w_rock = 10m。

（4）筏基混凝土材质特性

➢ 筏基混凝土表观密度：2400kg/m³；现场实测 2379 ~ 2407kg/m³，取 2400kg/m³ 较为合适（相关的计算取值均为此值）；

➢ 筏基混凝土导热率：2.33W/（m·℃）；查相关资料所得；

➢ 筏基混凝土比热：$970J/(kg \cdot ℃)$；参考《建筑施工手册》第四版。

（5）廊道混凝土材质特性

➢ 廊道混凝土表观密度：$2400kg/m^3$；

➢ 廊道混凝土导热率：$2.33W/(m \cdot ℃)$；

➢ 廊道混凝土比热：$970J/(kg \cdot ℃)$。

（6）滑动层材质特性

➢ 廊道混凝土表观密度：$2400kg/m^3$；

➢ 廊道混凝土导热率：$2.33 \times 0.5W/(m \cdot ℃)$；

➢ 廊道混凝土比热：$970J/(kg \cdot ℃)$。

（7）基岩材质特性

➢ 基岩表观密度：$2400kg/m^3$；

➢ 基岩导热率：$2.33W/(m \cdot ℃)$；

➢ 基岩比热：$970J/(kg \cdot ℃)$。

（8）水化热参数

➢ 水泥含量：$390kg/m^3 + 50kg/m^3$ 粉煤灰，实际施工用配合比；

➢ 水泥水化热：$285kJ/kg$；现场平均水化热在 $270kJ/kg$ 左右，选取的值为最大值，偏于保守。

（9）界面传热系数

➢ 筏基混凝土上表面混凝土-覆盖保温层传热系数：$1.67W/(m^2. ℃)$；

➢ 筏基混凝土侧面混凝土-模板保温层传热系数：$4.35W/(m^2. ℃)$；

➢ 岩层与大气表面的传热系数：$12.5W/(m^2. ℃)$；

➢ 廊道内盖板和侧壁大气表面的传热系数和廊道空气温度分别为：$12.5 \times 0.5W/(m^2 \cdot ℃)$，$12.5W/(m^2 \cdot ℃)$，$26.39059 \times (1 - 0.98716 \times 0.98716i)$，$i$ 为计算时间（h）；

➢ 岩层与岩层接触面为绝热。

（10）初始节点温度

➢ 筏基节点初始温度取 beg_temp_Raft $= 10℃$；

➢ 非筏基节点初始温度取 beg_temp_unRaft $= 5℃$；筏基节点初始温度即入模温度，由于入模温度对计算结果基本没有影响，只是对混凝土的最高温度及降温控制有较大影响，入模温度较低有利于水化热速度变慢和温度控制。对于非筏基节点初始温度，这里取的是一个定值。实际岩层温度随着岩层深度会有一定程度变化，对整个温度场有一定程度影响，但对筏基温度场影响不明显，对整个温度场影响甚微，对筏基结构热应力计算影响较小。

3.1.6 水化热情况

根据施工方采取的配合比，混凝土强度等级为 PS40（相当于国标 C50），水化热较大，水泥采用 P·O 42.5 普通硅酸盐水泥，水化热为 285kJ/kg，用量 390kg/m³，同时在混凝土中加入 50kg/m³ 的 Ⅰ 级磨细粉煤灰。

为此根据上述数据可以计算混凝土绝热最高温度：

$$T_{max} = T_h + T_0$$

式中 T_{max}——混凝土绝热最高温度，℃；

T_h——混凝土最大绝热温升，℃；

T_0——混凝土出机温度，℃。

最大绝热温升计算公式：

$$T_h = \frac{(m_c + K \cdot F)Q}{c \cdot \rho}$$

式中 m_c——混凝土中水泥用量，kg/m³；

K——掺合料的折减系数，粉煤灰取 0.27；

F——混凝土中活性掺合料用量，kg/m³；

Q——水泥水化热，kJ/kg；

c——混凝土比热，取 0.97，kJ/(kg·℃)；

ρ——混凝土的密度，取 2400（kg/m³）。

经计算得 T_h = 49.4℃

混凝土出机温度按混凝土入模温度考虑，取值：T_0 = 10℃。

那么，根据施工方提供的混凝土配合比、材料用量以及水泥水化热试验报告得出的绝热最高温度为 59.4℃，这与实测中心最高温度 65.2℃ 有一定的悬殊，这其中没有考虑入模前混凝土的热量以及实际混凝土结构在浇筑养护期间热量的损失。由此可见混凝土实际水化热量要比施工方提供的大得多，可能原因有如下几个方面：

①实际水泥用量要大，提供用量过小；

②水泥实际水化热要大；

③实际混凝土的比热取值过大。

为此，为获得与实际温度场比较一致的模拟温度场，水泥的水化热量取值要增大。

3.2　温度场计算结果及分析

本部分 1#～5#点与"施工应变及温控监控"部分的相应测点位置对应，6#、8#、9#点为 4#、5#点之间依次靠近筏基外缘的点，7#为筏基侧壁最外缘点，其径向、竖向坐标及节点编号见表 2.3.1。

表 2.3.1　分析关键点坐标

层号		A 层	E 层	B 层	C 层	D 层
序号	坐标及编号	$z=0.1\text{m}$	$z=0.8\text{m}$	$z=1.5\text{m}$	$z=2.2\text{m}$	$z=2.9\text{m}$
1#	$x=0\text{m}$	A1	E1	B1	C1	D1
2#	$x=5.35\text{m}$	A2	E2	B2	C2	D2
3#	$x=9.63\text{m}$	A3	E3	B3	C3	D3
4#	$x=14.98\text{m}$	A4	E4	B4	C4	D4
9#	$x=16.214\text{m}$	A9	E9	B9	C9	D9
8#	$x=17.448\text{m}$	A8	E8	B8	C8	D8
6#	$x=18.682\text{m}$	A6	E6	B6	C6	D6
5#	$x=19.65\text{m}$	A5	E5	B5	C5	D5
7#	$x=19.75\text{m}$	A7	E7	B7	C7	D7

注：上述节点坐标以筏基底板为圆心。

3.2.1　温度及分析

根据前面的输入条件，通过程序计算可以对温度场做出分析。图 2.3.11～图 2.3.17 分别为第 1h、第 1d、第 3d、中心最高温度（117h）、第 10d、第 15d、第 20d 的温度场云图。

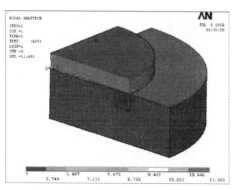

图 2.3.11　1h 温度场云图

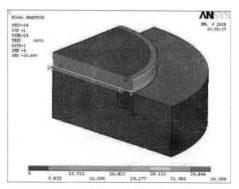

图 2.3.12　1d 温度场云图

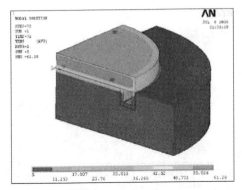

图 2.3.13　3d 温度场云图

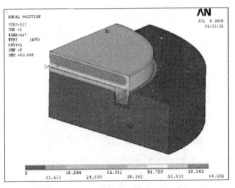

图 2.3.14　中心温度最高时（117h）
温度场云图

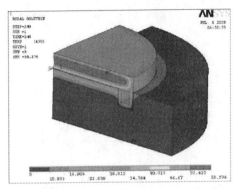

图 2.3.15　10d（即 240h）温度场云图

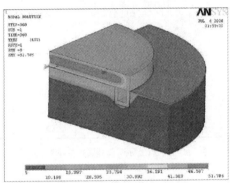

图 2.3.16　15d（即 360h）温度场云图

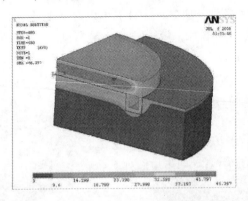

图 2.3.17　20d（即 480h）温度场云图

　　温度云图形象直观的给出了等温区域范围和温度变化层次关系，便于对混凝土水化温度场规律的把握，但是温度场是随时间变化的（时间的函数），为了把握测点对应节点随时间的温度变化规律,分别做出了节点温度曲线如图 2.3.18 ~ 图 2.3.22;同时给出了 0.5d、1d、3d、5d、10d、15d、20d 各层及各点的竖向温度断面图,如图 2.3.23 ~ 图 2.3.30 所示。

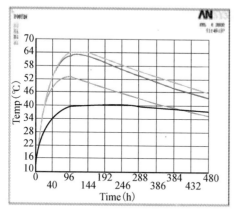

图 2.3.18　1#点温度曲线

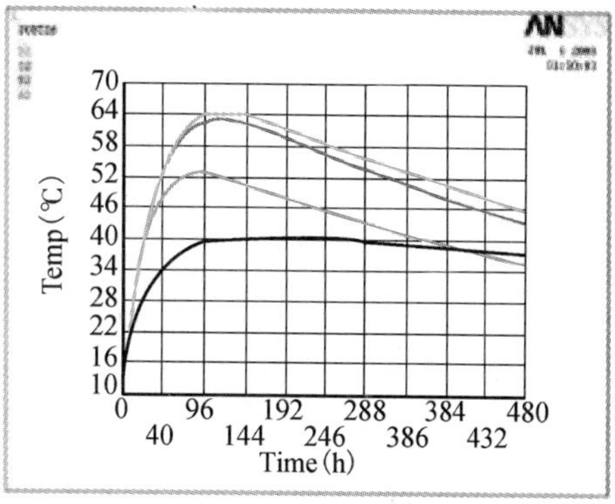

图 2.3.19　2#点温度曲线

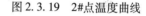

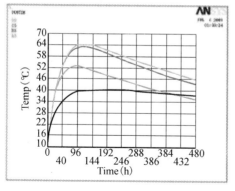

图 2.3.20　3#点温度曲线

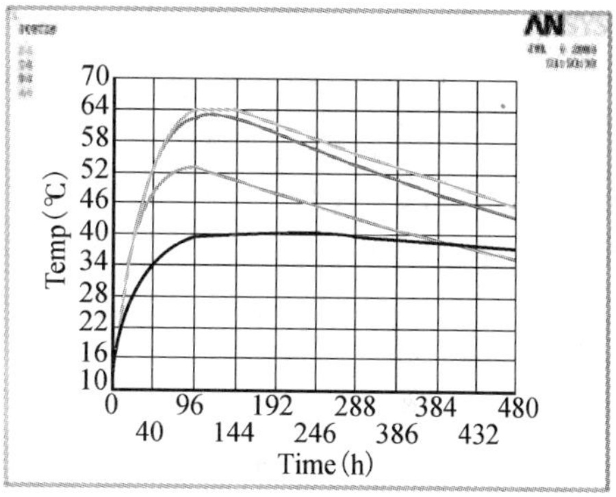

图 2.3.21　4#点温度曲线

(1) 根据温度场云图可知:

①任意时刻,筏基中心大部分区域温度一致;升温阶段,中心温度一致区域范围较大;降温阶段,中心温度一致区域范围减小。

②温度沿径向或竖向(即由里向外)逐渐降低。

(2) 根据温度变化曲线可知:

①1#、2#、3#、4#点温度规律一致、量值一致。中间层峰值温度为 64.6℃,达最高温度时间为 117h;

②各层温度关系大体是:中间层最高,其次是 3/4 层,再次是上层,下层温度最低;

③从温度曲线速率上看：升温阶段，中间层和3/4层升温速率最快，下层升温速率相对较慢；降温阶段，下层降温速率较慢，其他层平均降温速率差不多。

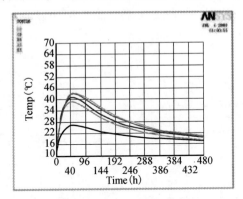

图2.3.22　5#点温度曲线

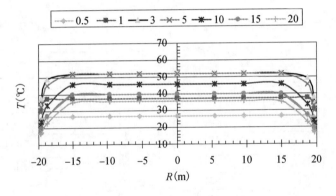

图2.3.23　D层温度断面图

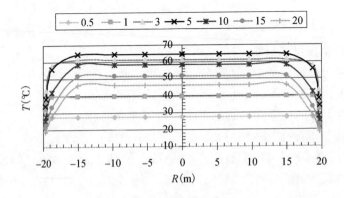

图2.3.24　B层温度断面图

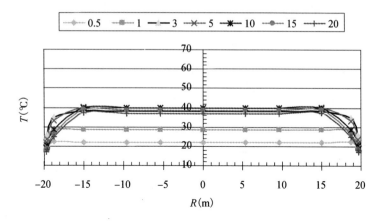

图 2.3.25　A 层温度断面图

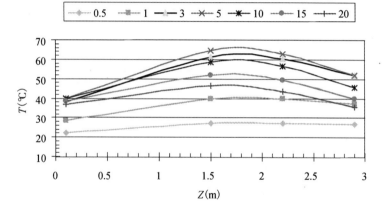

图 2.3.26　1#点竖向温度断面图

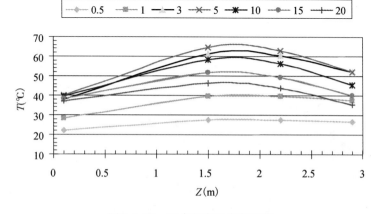

图 2.3.27　2#点竖向温度断面图

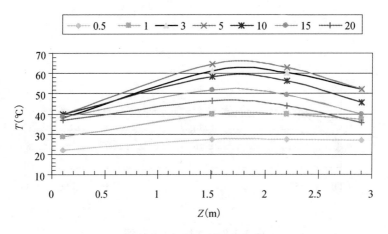

图 2.3.28　3#点竖向温度断面图

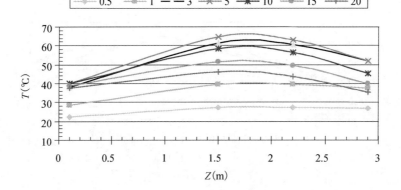

图 2.3.29　4#点竖向温度断面图

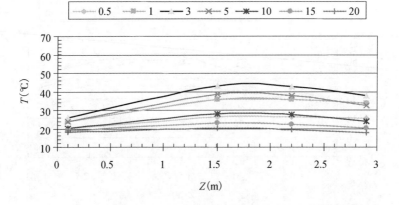

图 2.3.30　5#点竖向温度断面图

3.2.2　同层温度比较

为了便于温度场比较,图 2.3.31 ~ 图 2.3.33 分别做出了同层测点的温度对比曲线。

从图中可以看出:

①1#、2#、3#、4#同层测点温度曲线重合,对应量值大于 6#点,5#点小,7#点最小。

②升温阶段,1# ~ 4#点升温快,外缘 5#、7#点升温慢。

③降温阶段,A、B、C、D 层 1# ~ 4#点降温速率一致,6#、5#、7#点降温速率逐渐减小,但量值均大于 1# ~ 4#点。

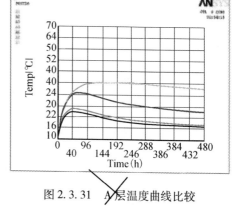

图 2.3.31　A 层温度曲线比较

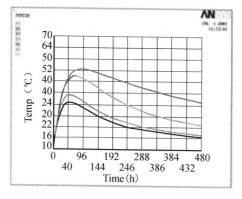

图 2.3.32　B 层温度曲线比较

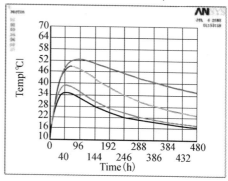

图 2.3.33　D 层温度曲线比较

3.2.3　里表温差及分析

1# ~ 5#点竖向里表温差曲线如图 2.3.34 ~ 图 2.3.40 所示,4#、5#和 6#、5#点径向里表温差曲线如图 2.3.39、图 2.3.40。分析可知:

①最大竖向温差没有超过 25℃;

②升温阶段,温差逐渐增大;降温阶段温差逐渐减小;

③1# ~ 4#点的竖向里表温差规律一致,量值相同。

④筏基外侧壁竖向温差小于中心区域的竖向温差;

⑤筏基外侧壁径向温差随着离外侧壁距离愈远温差愈大。

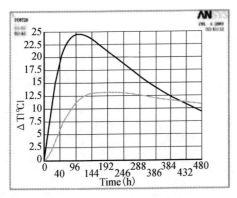

图 2.3.34   1#点上中下温差曲线

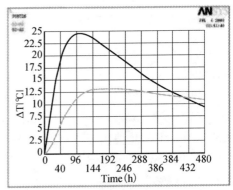

图 2.3.35   2#点上中下温差曲线

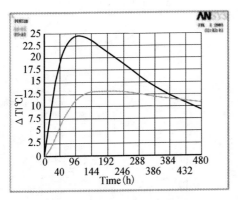

图 2.3.36   3#点上中下温差曲线

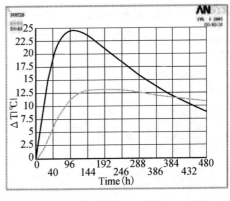

图 2.3.37   4#点上中下温差曲线

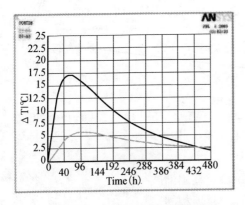

图 2.3.38   5#点上中下温差曲线

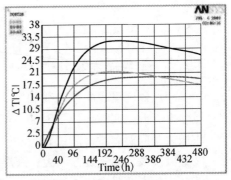

图 2.3.39   4#、5#点温差曲线

3.2.4　里表温度梯度及分析

根据里表温差曲线可做出里表温度梯度曲线，如图 2.3.41 ~ 图 2.3.47 所示。

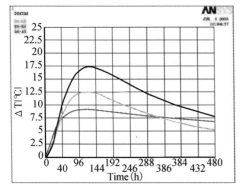

图 2.3.40　6#、5#点温差曲线

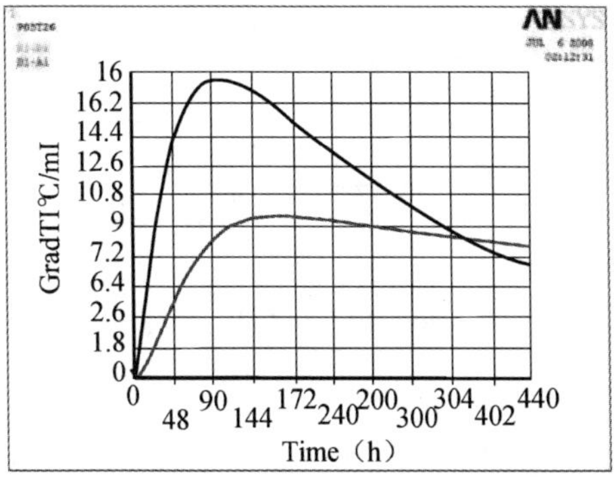

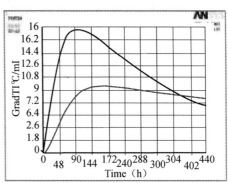

图 2.3.41　1#点下中、上中平均温度梯度

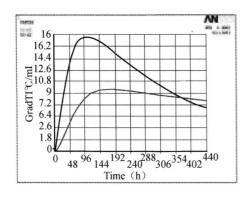

图 2.3.42　2#点下中、上中平均温度梯度

图 2.3.43　3#点下中、上中平均温度梯度

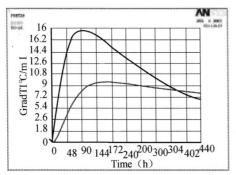

图 2.3.44　4#点下中、上中平均温度梯度

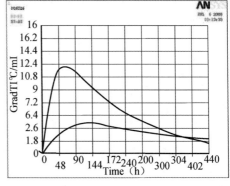

图 2.3.45　5#点下中、上中平均温度梯度

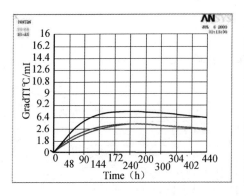 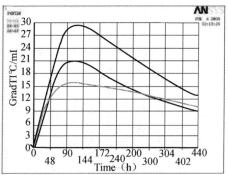

图 2.3.46 4#、5#点上、中、下　　　　　　图 2.3.47 6#、5#点上、中、下
　　　　　平均温度梯度　　　　　　　　　　　　　　平均温度梯度

里表温度梯度与里表温差呈线性关系，因而其规律与里表温差规律相一致，这里不再赘述。

　　除6#、5#点上、中、下径向平均温度梯度接近25℃/m 外，其余均小于18℃/m。温度梯度大小与距离有很大关系，6#、5#点距离较小（温差不大），因而温度梯度偏大情有可原。

3.2.5 降温速率及分析

　　分析各测点每天平均降温速率，并绘出降温速率曲线如图 2.3.48 ~ 图 2.3.52所示计算某时刻的降温速率规则同前。

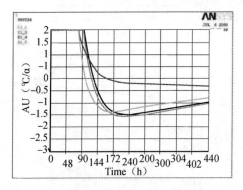 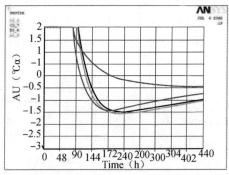

图 2.3.48 1#点降温速率曲线　　　　　　图 2.3.49 2#点降温速率曲线

　　分析曲线可以得出降温速率的规律如下：

　　（1）不同测点降温速率相比：对于筏基中心大部分区域，各层降温速率基本一致，各层对应曲线峰值相等、趋势相同。对于筏基外缘部分区域，各层

降温速率存在一定的差异。

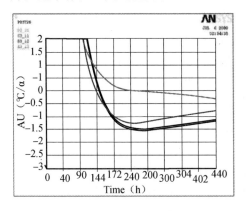

图 2.3.50　3#点降温速率曲线

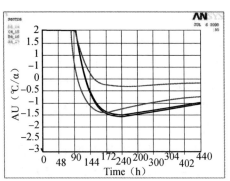

图 2.3.51　4#点降温速率曲线

（2）同点不同层降温速率相比：对于筏基中心大部分区域，下层（A层）降温速率较慢，最大值没有超过 0.3℃/d；中间层（B 层）和 3/4 层（C 层）降温速率基本一致，最大在 1.5℃/d 左右（这点与实测曲线吻合性很好）；顶层降温速率比中间层降温速率略小。对于筏基外缘区域（如 6#、5#、7#点，$x \geqslant 18.682$m），降温速率要大，最大值没有超过 3℃/d。分析原因，降温速率过大，主要是由

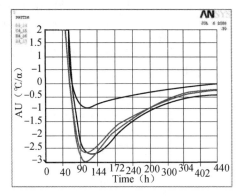

图 2.3.52　5#点降温速率曲线

于筏基外缘区域既存在上下泄热表面，又存在侧泄热面，保温层效果不够理想所致。

（3）降温速率基本为：开始逐渐增加到一定程度时转变为降温速率又逐渐减小的趋势。最后日渐趋于速率为零，即结构达到同一温度。

3.3　应力场有限元计算模型

3.3.1　模型假设

应力场分析是建立在温度场分析的基础上，应力场的分析需要调用温度场的计算结果数据，这就使得应力场有限元模型与温度场有限元模型必须建立某

种对应关系，具体就是节点一一对应。

因而，应力场模型的假设与温度场模型的假设是一致的。

应力场分析有限元模型同温度场分析模型，如图 2.3.1～图 2.3.5 所示。

至于滑动层刚度的大小，可通过滑动层（0.1m 厚）的弹性模量来调节。当滑动层的弹性模量很大时，可以认为滑动层没有取到滑动作用；当滑动层的弹性模量很小时，可以认为滑动层完全具备滑动作用，即水平方向不承受力的作用；当滑动层弹性模量介于两者之间时，可以认为滑动层受到一定的作用。

下面将根据如上的推断，按照筏基不同的滑动层条件分别予以计算分析，比较筏基底部滑动层刚度大小对应力场的影响并与实测约束应变场作比较。

本课题对不同的滑动层条件做了大量的分析，此处仅仅列出了三种滑动层条件下的计算结果，它们分别为滑动层弹性模量为 3.45×10^7、3.45×10^0、3.45×10^{10} 时的分析结果。特别说明的是，上述几种应力应变场计算分析结果的前提条件是：

①温度场同一；

②本篇 3.1.5 节计算参数同一（除滑动层弹性模量不同外）。

3.3.2 建模方式

应变应力场分析同样采取的是间接法建立有限单元模型，即先建立实体模型（结构实体形状），然后根据边界来决定网格划分。

具体实体模型是通过先建立面，然后由面旋转生成体的由下往上的方式来建立。有限单元模型则是根据实体模型通过体扫略网格划分而成。

简单说明，这部分模型建立的程序与温度场有限元模型建立的程序是相同的，正因如此，可以保证两个模型是一致的、节点是对应的。

3.3.3 单元选择

应力场分析时混凝土单元采用的是 Solid45 3D 实体结构单元。Solid45 单元用于构造三维实体结构。单元通过 8 个节点来定义，每个节点有 3 个沿着 xyz 方向平移的自由度。

单元具有塑性、蠕变、膨胀、应力强化、大变形和大应变能力。Solid45 单元的更高阶单元是 Solid95。Solid45 3D 实体结构单元如图 2.3.53 所示。

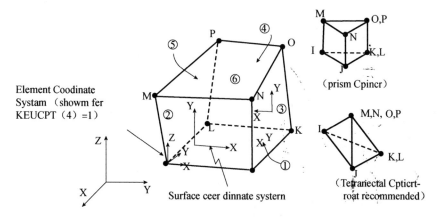

图 2.3.53　Solid45 3D 实体结构单元

3.3.4　边界条件

因实体结构和外荷载（热流量生成）的环向对称，加上边界条件即界面传热系数对称，因而生成的温度场亦对称；同样，应力场分析时，温度场作为应力场的荷载作用，其作用环向对成，又边界约束也对称，因而，最终的应力应变场亦对称。

为此，应力场分析时同样采取 $\theta=90°$ 的模型，其边界条件设定大体如下：

①在模型 $y=0°$ 以及 $y=90°$ 的两个边界上设置正对称约束；

②由于考虑筏基下岩层足够深、足够宽，可以认为基岩底部及侧面受筏基浇筑施工影响甚微，为此，可以将基岩底部及侧面节点约束固定不动。

3.3.5　计算参数

分析应变应力场所用的参数取值如下：

（1）计算天数：day = 20d；计算小时数：hour = day × 24 （h）；

（2）模型参数：

➢ 筏基半径：$r=19.75m$；

➢ 有限元模型角度：$\theta=90°$；

➢ 传感器预埋位置至混凝土上下表面距离 c_bar = 0.1m；

➢ 传感器预埋位置至混凝土侧面距离 c_s = 0.1m；

➢ 滑动层厚度：proof = 0.1m；

➢ 筏基下基岩层厚度：h_rock = 10m，包括滑动层厚度；

➢ 筏基外缘基岩伸出的宽度：w_rock = 10m；

（3）筏基混凝土材质

➤ 筏基混凝土随凝期的弹性模量：

$E(k) = (1 - \exp(-0.09 \times ton)) \times 3.45 \times 10^{10}$，$ton = t_1 + t_2$，$t_1 = (k-1)/24$，$t_2 = k/24$；

➤ 筏基混凝土的表观密度：$2400kg/m^3$；

➤ 筏基混凝土的泊松比：0.167；

➤ 混凝土的线膨胀系数：1.0×10^{-5}；

（4）廊道混凝土材质

➤ 廊道混凝土弹性模量：3.45×10^{10}

➤ 混凝土的表现密度：$2400kg/m^3$；

➤ 混凝土的泊松比：0.167；

➤ 混凝土的线膨胀系数：1.0×10^{-5}；

（5）滑动层材质

➤ 滑动层弹性模量：滑动层的弹性模量分别按照 10^{-10}，10^{-3}，1 倍的筏基混凝土最大弹性模量取值，即分别取值：3.45，3.45×10^7，3.45×10^{10} Pa；

➤ 滑动层材质表现密度：$2400kg/m^3$；

➤ 泊松比：0.167；

➤ 线膨胀系数：1.0×10^{-5}；

（6）基岩材质

➤ 基岩弹性模量：3.45×10^{10}

➤ 基岩表现密度：$2400kg/m^3$；

➤ 基岩泊松比：0.167；

➤ 基岩线膨胀系数：1.0×10^{-5}；

3.4　应力应变场计算结果及分析

3.4.1　滑动层弹性模量取 3.45×10^7

3.4.1.1　径向、环向应变

1#～9#点径向、环向应变如图 2.3.54～图 2.3.62 所示；同时给出了 0.5d、1d、3d、5d、10d、15d、20d 的径向、环向应变断面图，如图 2.3.63～图 2.3.78 所示。

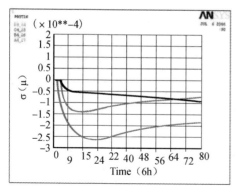

图 2.3.54　1#点径向、环向应变

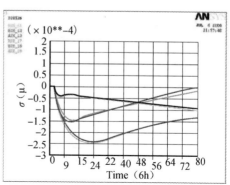

图 2.3.55　2#点径向、环向应变

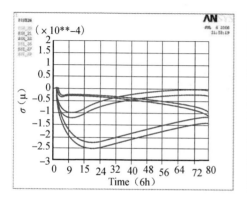

图 2.3.56　3#点径向、环向应变

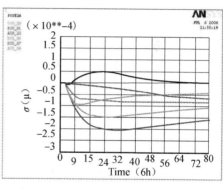

图 2.3.57　4#点径向、环向应变

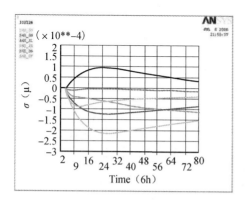

图 2.3.58　9#点径向、环向应变

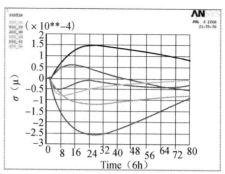

图 2.3.59　8#点径向、环向应变

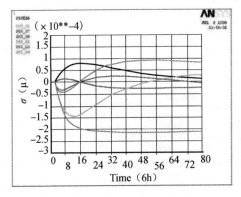

图 2.3.60　6#点径向、环向应变

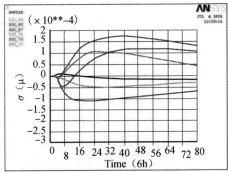

图 2.3.61　5#点径向、环向应变

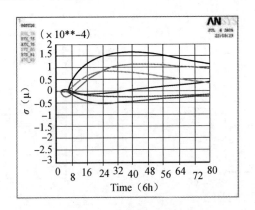

图 2.3.62　7#点径向、环向应变

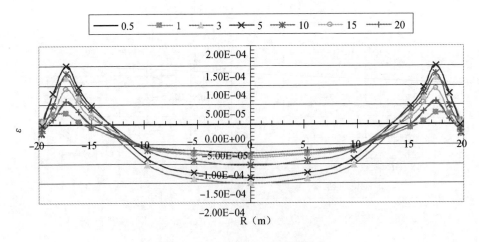

图 2.3.63　D 层径向应变断面图

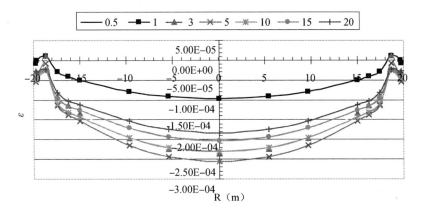

图 2.3.64　B 层径向应变断面图

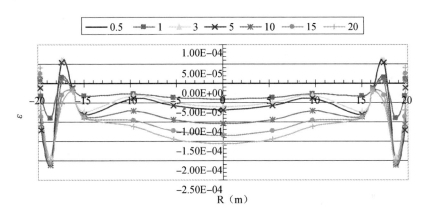

图 2.3.65　A 层径向应变断面图

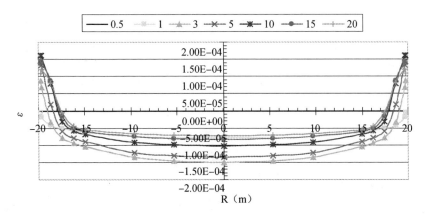

图 2.3.66　D 层环向应变断面图

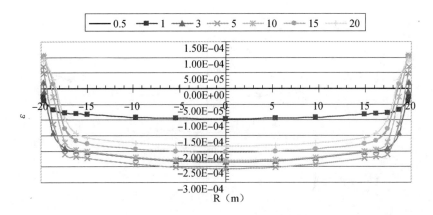

图 2.3.67 B 层环向应变断面图

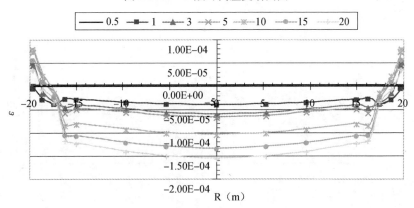

图 2.3.68 A 层环向应变断面图

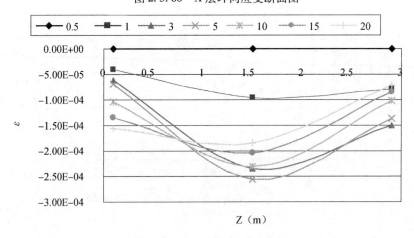

图 2.3.69 1#点径向应变断面图

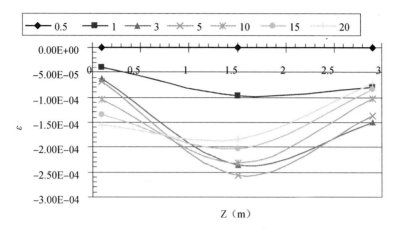

图 2.3.70　1#点环向应变断面图

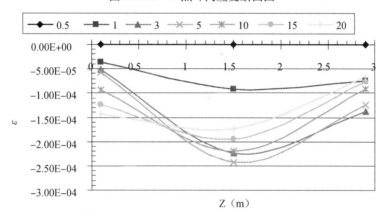

图 2.3.71　2#点径向应变断面图

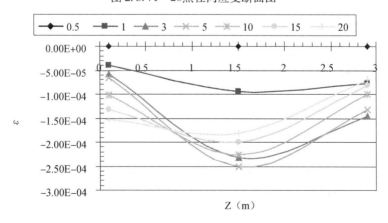

图 2.3.72　2#点环向应变断面图

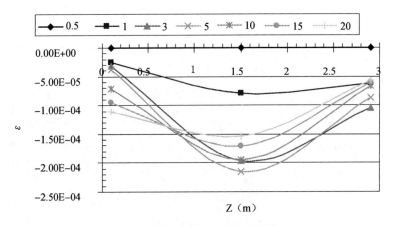

图 2.3.73　3#点径向应变断面图

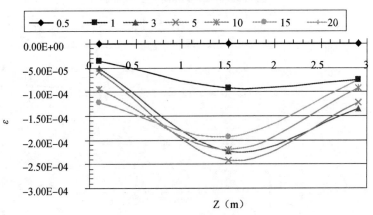

图 2.3.74　3#点环向应变断面图

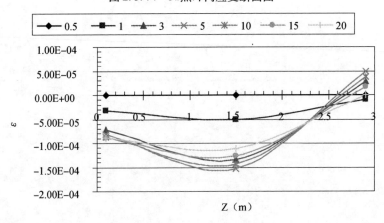

图 2.3.75　4#点径向应变断面图

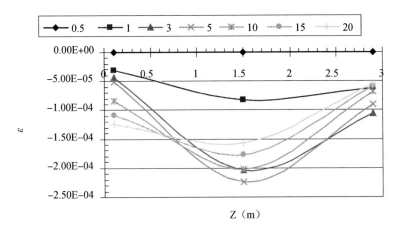

图 2.3.76 4#点环向应变断面图

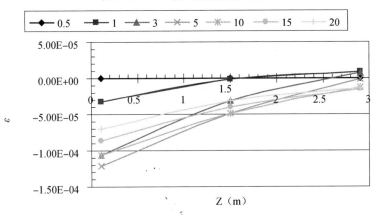

图 2.3.77 5#点径向应变断面图

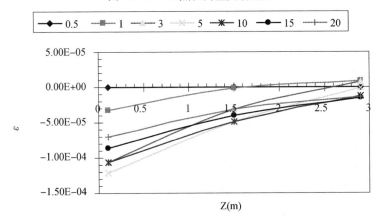

图 2.3.78 5#点环向应变断面图

分析曲线可以得出如下结论：

中间层（B层）大部分区域环向和径向为压应变，外缘环向有可能出现拉应变，径向仍为压应变；最大压应变约 $-250\mu\varepsilon$，位于圆心点，并且沿径向逐渐减小直至筏基外缘环向出现拉应变。

下层（A层）大部分区域环向和径向为压应变，外缘环向有可能出现拉应变，径向仍为压应变；并且A层中心区域的压应变随着凝期逐渐增加。

上层（D层）大部分区域环向和径向为压应变，并且D层中心区域的压应变随着凝期逐渐增加到一定量值后逐渐减小直至外缘区域出现拉应变；外缘环向和径向均有一定的拉应变区域。

4#点顶层径向最大拉应变约 $50\mu\varepsilon$，9#点顶层径向最大拉应变约 $100\mu\varepsilon$，8#点顶层径向最大拉应变约 $150\mu\varepsilon$，6#点顶层径向、环向最大拉应变约 $80\mu\varepsilon$、$90\mu\varepsilon$，5#、7#点顶层环向最大拉应变约 $163\mu\varepsilon$，同时 5#、7#中间层及下层环向也出现拉应变。

计算最大径向拉应变在 5#、7#点附近，约 $163\mu\varepsilon$，计算最大环向拉应变在 5#附近，约 $110\mu\varepsilon$（为 B5 环向）。

综上所述：弹性应变场大体分布规律：筏基外侧壁除底层区域外环向均为拉应变区，底部区域可能为拉应变区；筏基外侧壁区域顶部区域径向为拉应变区，其他均为压应变区。

另外，筏基中心区域的环向应变与径向应变差异较小，并随着远离圆心，其差异表现趋于明显。

3.4.1.2 径向、环向应力

由于应力应变求解程序采取了增量法，因而 Ansys 生成的结果文件是每一时段的增量，而总应力必须通过专用的程序来叠加，应力应变云图也得通过编程来实现。需要说明的是，从 Ansys 中提取的结果文件，其对应的坐标系为笛卡儿坐标系，因而迭代的应力应变也基于笛卡儿坐标系的，图 2.3.79 ~ 图 2.3.88 所示的应力场云图为笛卡儿坐标系中显示的结果。在 $z=0$ 的面上显示径向或环向的真实应力状况，其他面显示的是 x 或 z 向的应力状况。

为了便于对具体测点的环向及径向应力状况及其发展过程把握，图 2.3.89 ~ 图 2.3.97 做出了 1# ~ 9#点径向、环向应力曲线；同时给出了 0.5d、1d、3d、5d、10d、15d、20d 的径向、环向应力断面图，如图 2.3.98 ~ 图 2.3.113 所示。

106

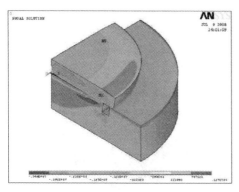
图 2.3.79 60h x 向应力场云图

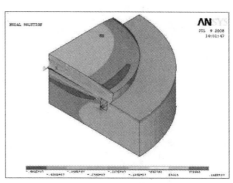
图 2.3.80 120h x 向应力场云图

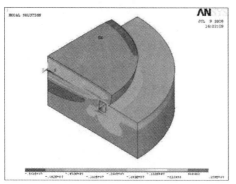
图 2.3.81 240h x 向应力场云图

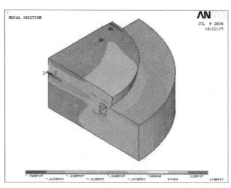
图 2.3.82 360h x 向应力场云图

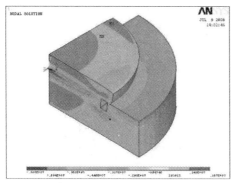
图 2.3.83 480h x 向应力场云图

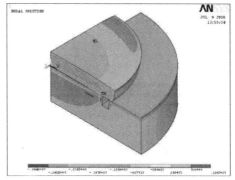
图 2.3.84 60h z 向应力场云图

分析应力曲线基本可以得出：

①应力场基本与应变场相对应，圆心大部分区域应力及应力变化趋势基本一致，其上层和中间层压应力逐渐增加至一定量值后又逐渐减小，甚至出现拉

应力；其下层压应力有逐渐增大的趋势。

②4#点以外上层径向应力表现为拉应力，并随着龄期增加逐渐减小。

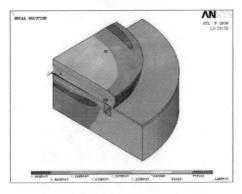

图 2.3.85　120h z 向应力场云图

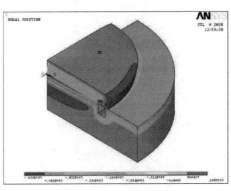

图 2.3.86　240h z 向应力场云图

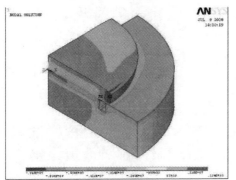

图 2.3.87　360h z 向应力场云图

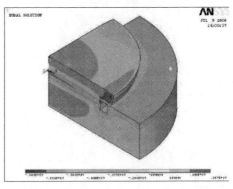

图 2.3.88　480h z 向应力场云图

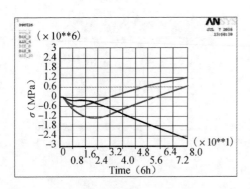

图 2.3.89　1#点径向、环向应力

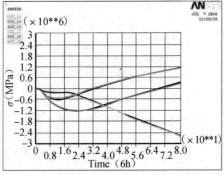

图 2.3.90　2#点径向、环向应力

③最大拉应力约 2.8MPa（6#点 B 层环向），5#测点处最大拉应力约 1.6MPa（D 层、B 层环向）。

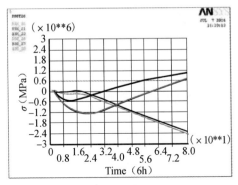

图 2.3.91　3#点径向、环向应力　　　图 2.3.92　4#点径向、环向应力

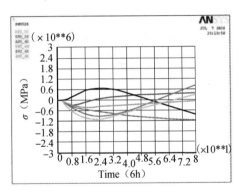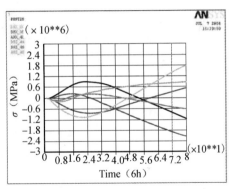

图 2.3.93　9#点径向、环向应力　　　图 2.3.94　8#点径向、环向应力

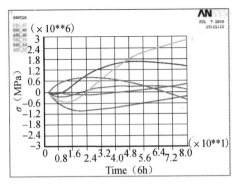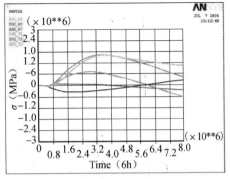

图 2.3.95　6#点径向、环向应力　　　图 2.3.96　5#点径向、环向应力

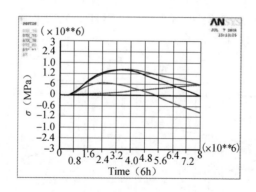

图 2.3.97　7#点径向、环向应力

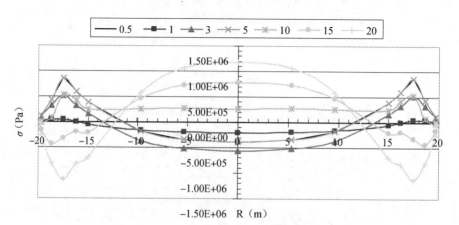

图 2.3.98　D 层径向应力断面图

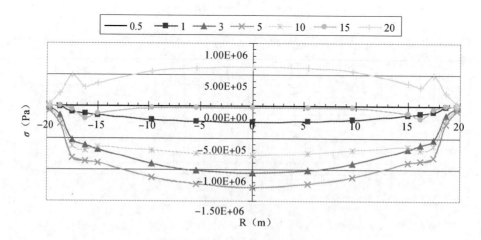

图 2.3.99　B 层径向应力断面图

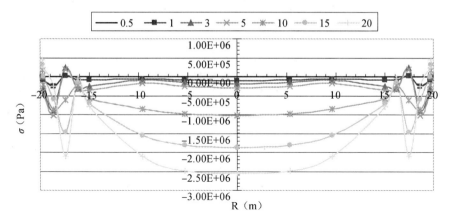

图 2.3.100　A 层径向应力断面图

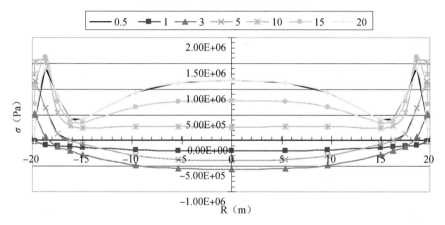

图 2.3.101　D 层环向应力断面图

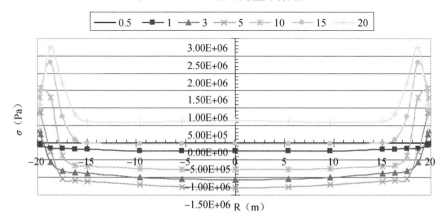

图 2.3.102　B 层环向应力断面图

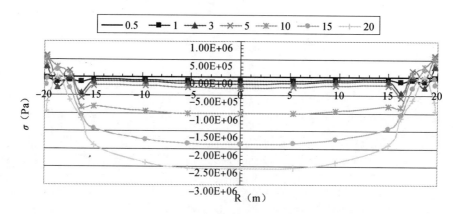

图 2.3.103　A 层环向应力断面图

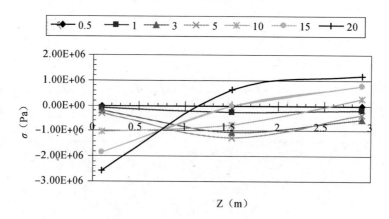

图 2.3.104　1#点径向应力断面图

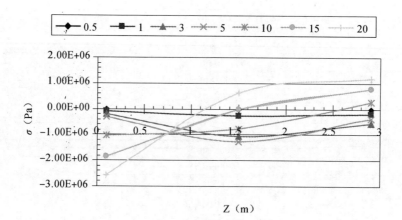

图 2.3.105　1#点环向应力断面图

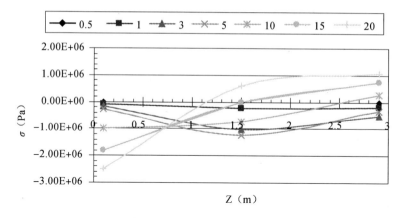

图 2.3.106　2#点径向应力断面图

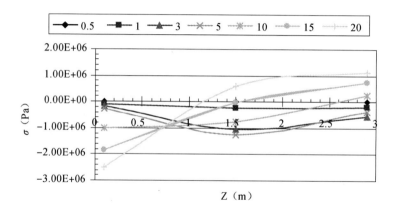

图 2.3.107　2#点环向应力断面图

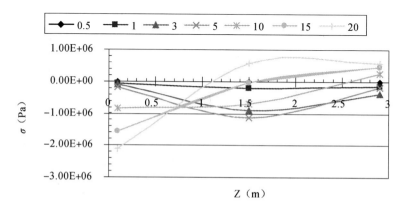

图 2.3.108　3#点径向应力断面图

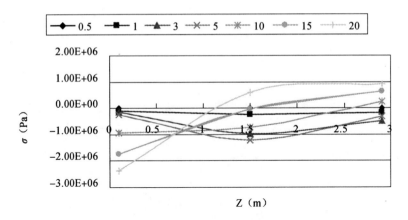

图 2.3.109 3#点环向应力断面图

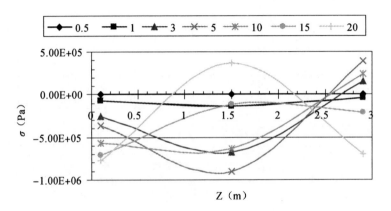

图 2.3.110 4#点径向应力断面图

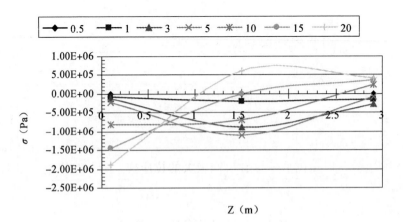

图 2.3.111 4#点环向应力断面图

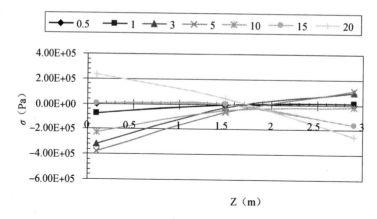

图2.3.112　5#点径向应力断面图

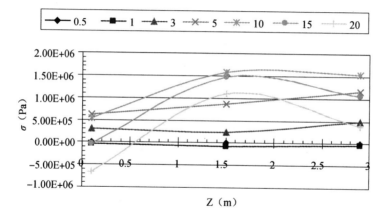

图2.3.113　5#点环向应力断面图

3.4.2　滑动层弹性模量取 3.45×10^0

3.4.2.1　径向、环向应变

1#~9#点径向、环向应变如图2.3.114~图2.3.122所示：

分析表明：当滑动层的没有侧向嵌固效果时，筏基中心大部分区域（4#点以内）应变基本相一致且变化趋势基本相同，拉压应变较小（小于 $125\mu\varepsilon$，大于 $-100\mu\varepsilon$），但是筏基外缘会出现较大的拉应变，5#、7#点上层环向拉应力约 $310\mu\varepsilon$。

3.4.2.2　径向、环向应力

1#~9#点径向、环向应力如图2.3.123~图2.3.131所示。

　　应力曲线规律基本与应变曲线规律相对应，除筏基中心大部分区域拉压应力较小外，筏基外缘会出现较大的拉应力。6#点中间层环向拉应力达2.5MPa。

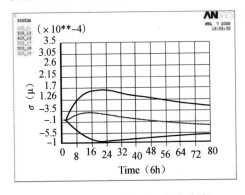

图2.3.114　1#点径向、环向应变

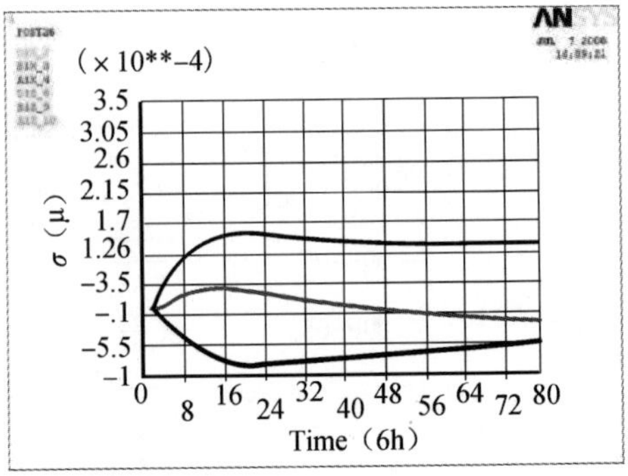

图2.3.115　2#点径向、环向应变

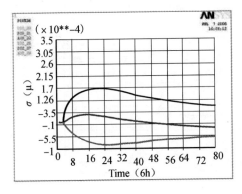

图2.3.116　3#点径向、环向应变

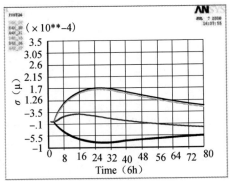

图2.3.117　4#点径向、环向应变

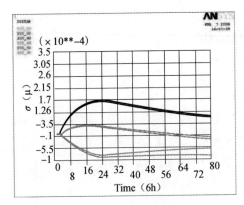

图2.3.118　9#点径向、环向应变

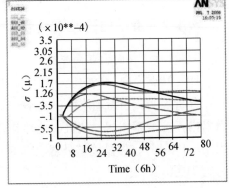

图2.3.119　8#点径向、环向应变

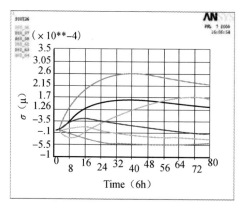

图 2.3.120　6#点径向、环向应变

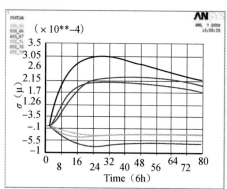

图 2.3.121　5#点径向、环向应变

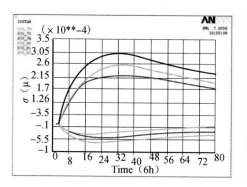

图 2.3.122　7#点径向、环向应变

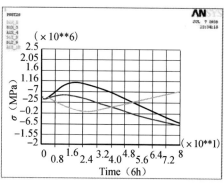

图 2.3.123　1#点径向、环向应力

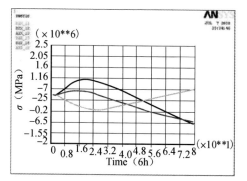

图 2.3.124　2#点径向、环向应力

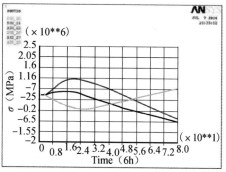

图 2.3.125　3#点径向、环向应力

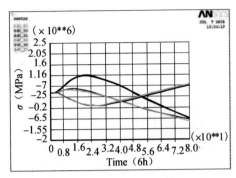

图 2.3.126 4#点径向、环向应力

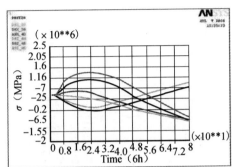

图 2.3.127 9#点径向、环向应力

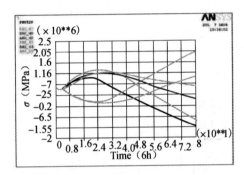

图 2.3.128 8#点径向、环向应力

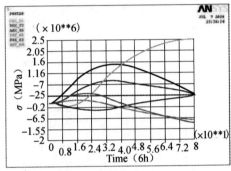

图 2.3.129 6#点径向、环向应力

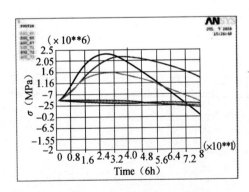

图 2.3.130 5#点径向、环向应力

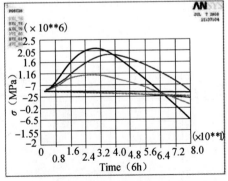

图 2.3.131 7#点径向、环向应力

3.4.3 滑动层弹性模量取 3.45×10^{10}

3.4.3.1 径向、环向应变

1#~9#点径向、环向应变如图 2.3.132 ~ 图 2.3.139 所示。

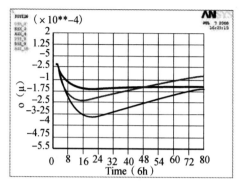

图 2.3.132　1#点径向、环向应变

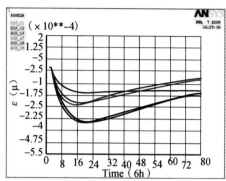

图 2.3.133　2#点径向、环向应变

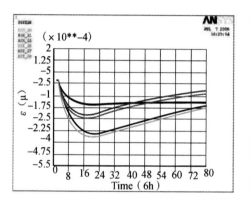

图 2.3.134　3#点径向应变

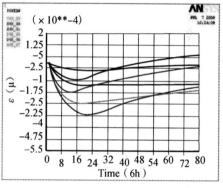

图 2.3.135　4#点径向、环向应变

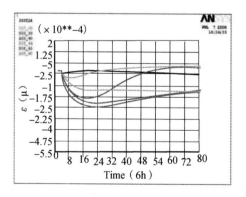

图 2.3.136　9#点径向、环向应变

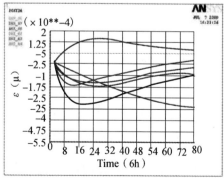

图 2.3.137　8#点径向、环向应变

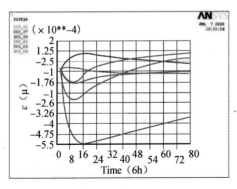

图2.3.138 6#点径向、环向应变

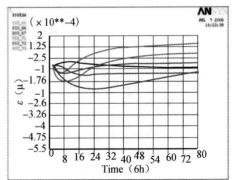

图2.3.139 5#点径向、环向应变

分析曲线表明：筏基中心大部分区域为压应变，最大压应变约为 $-350\mu\varepsilon$，只有筏基外缘顶层出现拉应变，外缘中间层和下层可能出现拉应变。最大环向拉应变小于 $125\mu\varepsilon$。

筏基中心大部分区域中间层、下层、上层应变开始逐渐增加至一定量值后有逐渐减小，只是上层应变后期减小幅度非常微弱，这点与滑动层弹性模量取 3.45×10^7 时 A 层应力应变表现的规律有较大的差异。

3.4.3.2 径向、环向应力

1#~9#点径向、环向应力如图2.3.140~图2.3.149所示。

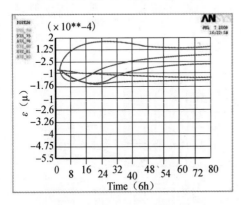

图2.3.140 7#点径向、环向应变

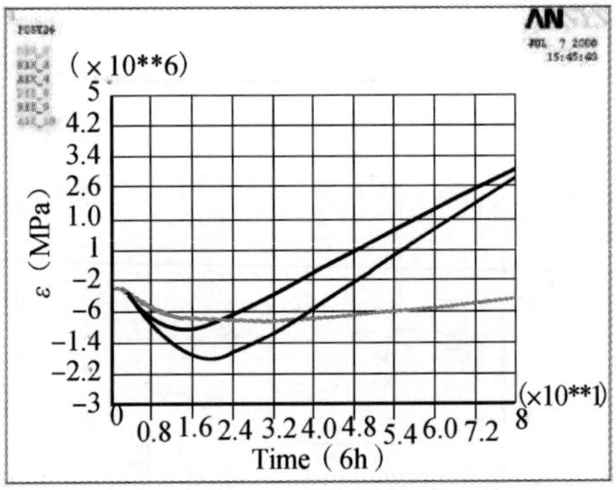

图2.3.141 1#点径向、环向应力

应力分析表明：在滑动层不具备滑动效果时，筏基拉应力较大，从应力曲线的变化趋势，可以推断，混凝土的拉应力将超过 4.5MPa，混凝土将出现较大的施工热应力，最终混凝土不可避免出现结构缝。

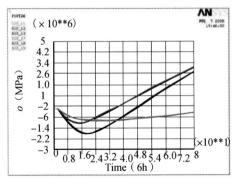

图 2.3.142　2#点径向、环向应力

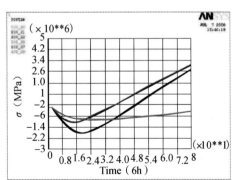

图 2.3.143　3#点径向、环向应力

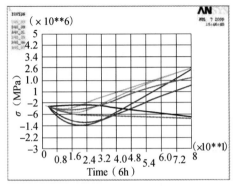

图 2.3.144　4#点径向、环向应力

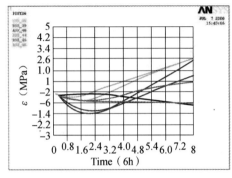

图 2.3.145　9#点径向、环向应力

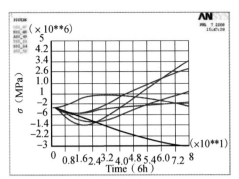

图 2.3.146　8#点径向、环向应力

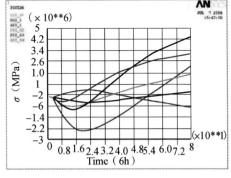

图 2.3.147　6#点径向、环向应力

3.4.4　三种应力应变场对比分析

分析上述三种情况下的应力应变场，大体可得出如下结论：

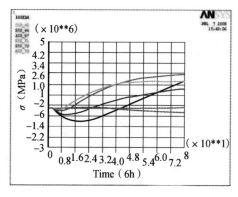

图 2.3.148　5#点径向、环向应力

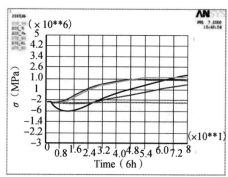

图 2.3.149　7#点径向、环向应力

①当滑动层有一定滑动效果时（滑动层弹性模量取 $3.45 \times 10^7 Pa$），中心绝大部分顶层和中间层的环向及径向应变在混凝土升温阶段逐渐增加，在混凝土降温阶段逐渐减小；下层环向及径向应变在整个养护过程中逐渐增加，这点与实测结果很相似。其应力变化规律基本与应变相对应，最大拉应力约 2.8MPa。

②当滑动层的滑动效果非常理想（滑动层弹性模量取 $3.45 \times 10^0 Pa$）或者滑动层不具有滑动效果（滑动层弹性模量取 $3.45 \times 10^{10} Pa$）时，中心绝大部分顶层、中间层及下层的环向及径向应变在混凝土升温阶段逐渐增加，在混凝土降温阶段逐渐减小；下层混凝土环向及径向应变表现的规律与滑动层有一定滑动效果时明显不同。

③当滑动层的滑动效果非常理想，筏基中心大部分区域拉压应力较小外，仅筏基外缘会出现较大的拉应力约 2.5MPa；当滑动层不具有滑动效果时，筏基拉应力较大，甚至超过 4.5MPa。当滑动层有一定滑动效果，其最大拉应力介于上述两者之间。

④在应变量值上，当滑动层的滑动效果非常理想时，混凝土环向和径向拉压应变中心大部分区域量值较小，拉应变不到 $-100\mu\varepsilon$，压应变不到 $125\mu\varepsilon$。筏基外缘拉应变较大，5#、7#点上层环向拉应力约 $310\mu\varepsilon$。当滑动层不具有滑动效果时，混凝土环向和径向压应力最大值较大，中心压应力大于 $350\mu\varepsilon$。当滑动层具有一定的滑动效果时，中心混凝土环向和径向压应力介于上述两者之间为 $250\mu\varepsilon$。

⑤混凝土结构外部约束的存在使得混凝土中心压应力增加，外缘混凝土拉应力增加。

4 1.2m厚筏基温度场及应变应力场分析

4.1 有限元计算模型

1.2m厚筏基温度场及应变应力场分析的有限元计算模型除筏基厚度不同于3.0m厚筏基温度场及应变应力场分析的有限元计算模型外,其他参数均与前相同,单元的划分也一样。有限元计算模型如图2.4.1所示。

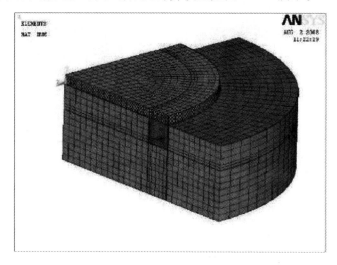

图2.4.1 有限元计算模型

4.2 边界条件

为了计算结果具有可比较性,1.2m厚筏基温度场及应变应力场分析所采用的边界条件与3.0m厚筏基分析保持一致,边界云图如图2.4.2~图2.4.5所示。

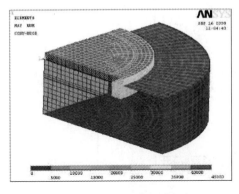

图2.4.2 界面传热系数云图

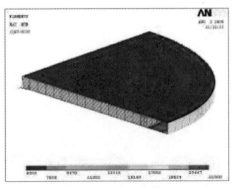

图2.4.3 筏基界面传热系数云图

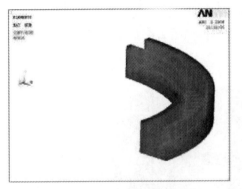

图2.4.4 廊道界面传热系数云图

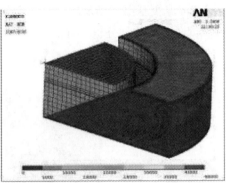

图2.4.5 基岩界面传热系数云图

4.3 计算参数

①筏基厚度 $h=1.2\text{m}$；②其他参数同3.0m厚度筏基。

4.4 温度计算结果

根据上述理论分析做出温度曲线，可以看出温度变化层次关系与3m厚的基础温度变化规律基本相似，但是，不同厚度的基础尽管其养护方式是一致的，其对应时刻的温度具体量值还是有一定的差异，特别是在基础薄厚悬殊比较大的前提下，中心点的峰值温度和温升差距还是比较大。图2.4.6～图2.4.11分别给出了1.2m厚筏基关键点位的各层次温度时程变化曲线。

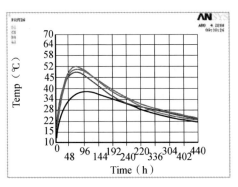

图 2.4.6　1#点温度曲线

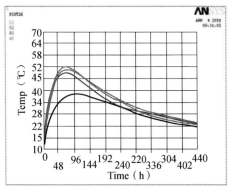

图 2.4.7　2#点温度曲线

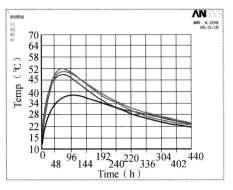

图 2.4.8　3#点温度曲线

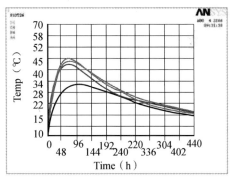

图 2.4.9　4#点温度曲线

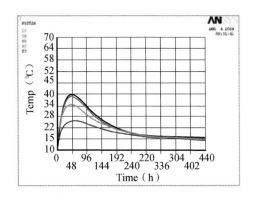

图 2.4.11　5#点温度曲线

4.5 应力计算结果

图2.4.12~图2.4.19给出了关键点的应力理论时程曲线，从图中可以看出温度应力的发生发展变化规律，在既定的养护技术指标和技术措施下，其温度应力较大，甚至达到无法避免混凝土裂缝产生的温度应力。

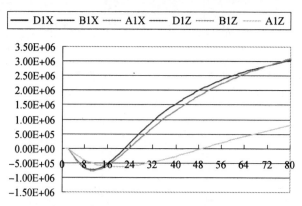

图2.4.12 1#点径向、环向应力

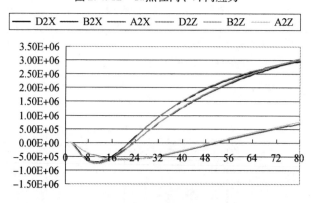

图2.4.13 2#点径向、环向应力

当然，从另一方面也说明了如下问题，其一，尽管对于3m厚基础所采取的养护技术指标能满足温度应力的发展而不会产生混凝土裂缝的要求，但是它不一定适合其他厚度基础的施工养护的要求，这也正表明了具体问题具体分析的重要性。特别是厚度对混凝土温度应力影响比较显著，不合适的分层势必导致温度应力增大、温度裂缝的产生；其二：针对特定场合厚度的基础施工，应确定合适的养护技术指标和技术措施，有限单元法是一款行之有效的方法。

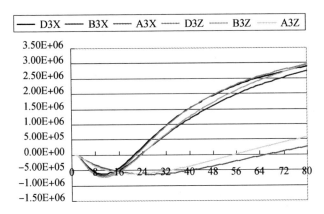

图 2.4.14　3#点径向、环向应力

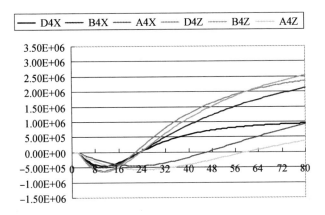

图 2.4.15　4#点径向、环向应力

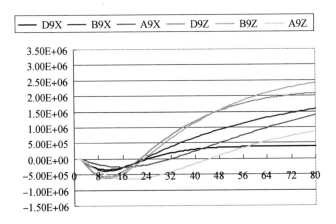

图 2.4.16　9#点径向、环向应力

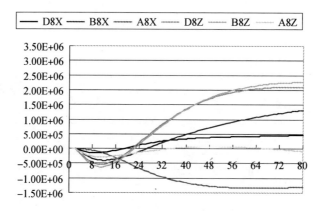

图 2.4.17 8#点径向、环向应力

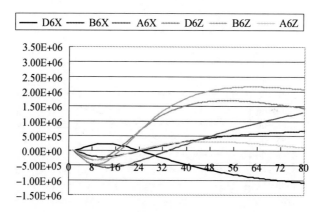

图 2.4.18 6#点径向、环向应力

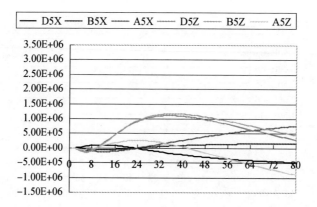

图 2.4.19 5#点径向、环向应力

5　3.8m厚筏基温度场及应变应力场分析

5.1　有限元计算模型

3.8m厚筏基温度场及应变应力场分析的有限元计算模型除筏基厚度不同于3.0m厚筏基温度场及应变应力场分析的有限元计算模型外，其他参数均与前相同，包括单元的划分也一样。其模型如图2.5.1所示：

5.2　边界条件

为了计算结果具有可比较性，3.8m厚筏基温度场及应变应力场分析所采用的边界条件与3.0m厚筏基分析保持一致，边界云图如图2.5.2所示。

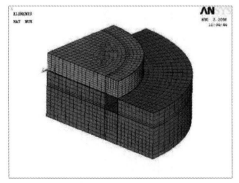

图2.5.1　有限元计算模型

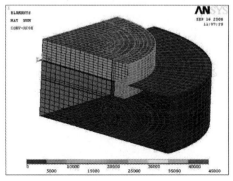

图2.5.2　界面传热系数云图

5.3　计算参数

①筏基厚度 $h = 3.8\mathrm{m}$；
②其他参数同3.0m厚度筏基。

5.4 温度计算结果

根据理论分析做出温度曲线，可以看出温度变化层次关系与1.2m、3m厚的基础温度变化规律基本相似，但是，在与上述相同养护方式的前提下，其对应时刻的温度具体量值还是有一定的差异，不过3.8m厚基础峰值温度和温升与3.0m厚基础的表现得比较相似，相对于1.2m的基础差别相当明显，可见对于中心温度在厚度增加到一定程度，其与养护技术指标或者技术措施的相关性不是很大，基础中心的温升更接近于绝热温升，而较薄基础的养护技术指标对于中心点的温度和温升影响相对要大得多。

图2.5.3~图2.5.7分别给出了3.8m厚筏基关键点位的各层次温度时程变化曲线。

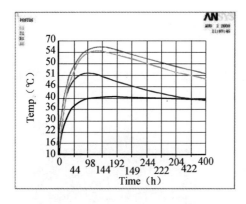

图2.5.3　1#点温度曲线

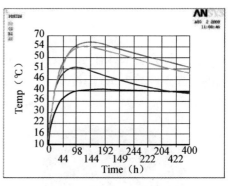

图2.5.4　2#点温度曲线

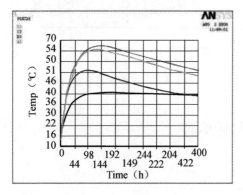

图2.5.5　3#点温度曲线

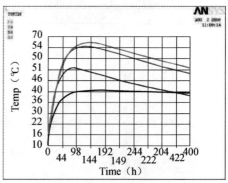

图2.5.6　4#点温度曲线

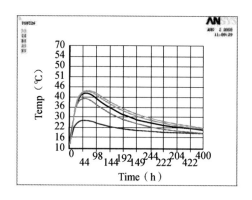

图 2.5.7　5#点温度曲线

5.5　应力应变计算结果

图 2.5.8～图 2.5.16 给出了关键点的应力理论时程曲线，从图中可以看出温度应力的发生发展变化规律，在既定的养护技术指标和技术措施下，其温度应力较 3.0m 厚基础应力小，较 1.2m 厚的基础更小，对既定条件下的混凝土养护方式更有利于保证混凝土浇筑成型质量，从而避免混凝土有害裂缝的产生。

后面章节将从不同浇筑厚度的基础来分析浇筑厚度对温度应力的影响规律，阐明多层整体浇筑的理论基础，并且本篇还将从滑动层的滑动能力研究，指出滑动层的具体作用和量化实际滑动能力，为建立合理化的滑动层模型提供有力证据和为今后进一步研究提供参考。

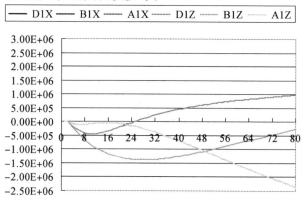

图 2.5.8　1#点径向、环向应力

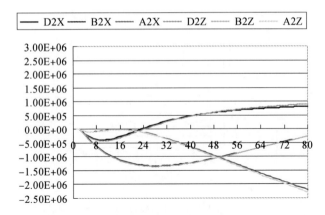

图 2.5.9　2#点径向、环向应力

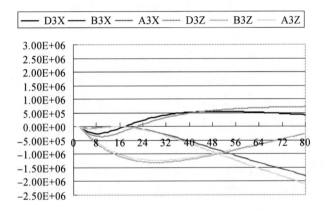

图 2.5.10　3#点径向、环向应力

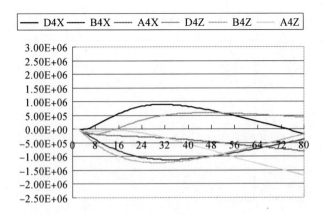

图 2.5.11　4#点径向、环向应力

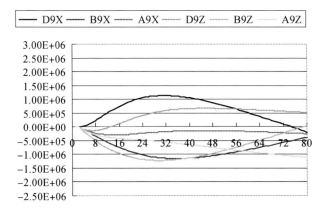

图 2.5.12　9#点径向、环向应力

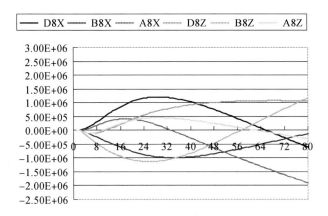

图 2.5.13　8#点径向、环向应力

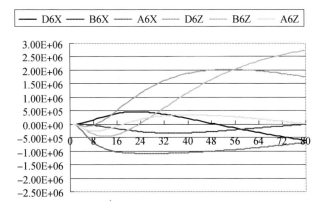

图 2.5.14　6#点径向、环向应力

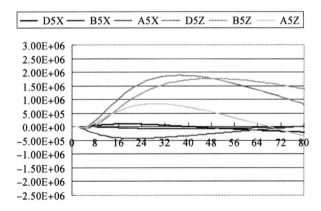

图 2.5.15　5#点径向、环向应力

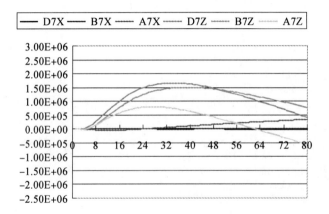

图 2.5.16　7#点径向、环向应力

6 筏基和安全壳筒身理论分析

6.1 不同厚度基础温度场分析

图 2.6.1～图 2.6.12 给出了不同厚度的基础在相同水化热、水化速率，相同的滑动能力和相同的养护方式及技术指标的前提下的各关键点和同层温度的比较，显而易见，随着浇筑体厚度的增加，其对应点的温度升高，并且在量值上存在下述规律：

随着厚度的增加，温度也增加，但厚度达到一定量值，温度差异缩小，甚至表现越不明显。可见对于厚度已经很厚的基础，在试图通过减小浇筑厚度来降低混凝土中心的温度是一种不够明智的做法。

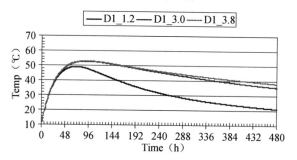

图 2.6.1　1.2m、3.0m、3.8m 厚度筏基 D1 温度比较曲线

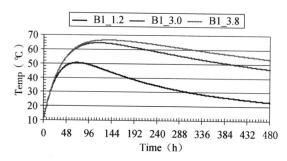

图 2.6.2　1.2m、3.0m、3.8m 厚度筏基 B1 温度比较曲线

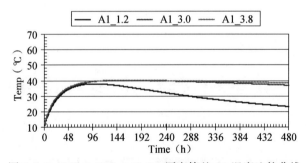

图2.6.3　1.2m、3.0m、3.8m厚度筏基A1温度比较曲线

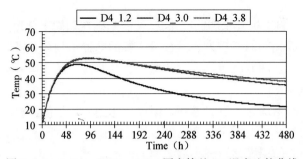

图2.6.4　1.2m、3.0m、3.8m厚度筏基D4温度比较曲线

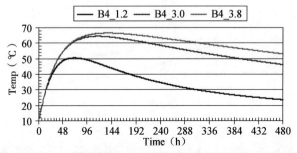

图2.6.5　1.2m、3.0m、3.8m厚度筏基B4温度比较曲线

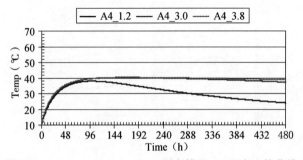

图2.6.6　1.2m、3.0m、3.8m厚度筏基A4温度比较曲线

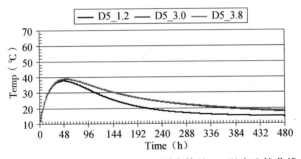

图 2.6.7　1.2m、3.0m、3.8m 厚度筏基 D5 温度比较曲线

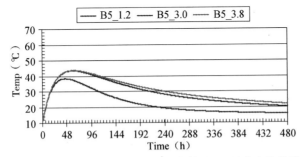

图 2.6.8　1.2m、3.0m、3.8m 厚度筏基 B5 温度比较曲线

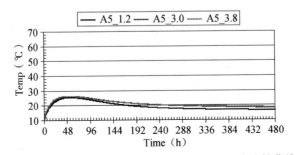

图 2.6.9　1.2m、3.0m、3.8m 厚度筏基 A5 温度比较曲线

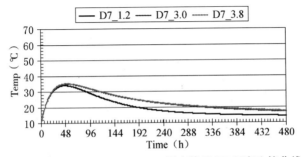

图 2.6.10　1.2m、3.0m、3.8m 厚度筏基 D7 温度比较曲线

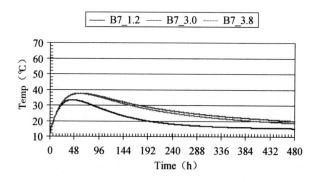

图 2.6.11　1.2m、3.0m、3.8m 厚度筏基 B7 温度比较曲线

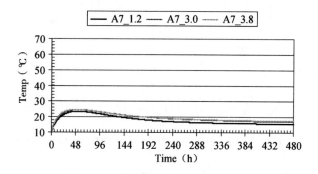

图 2.6.12　1.2m、3.0m、3.8m 厚度筏基 A7 温度比较曲线

6.2　不同厚度基础应力场分析

图 2.6.13～图 2.6.30 给出了不同厚度基础应力比较曲线，分析可知，除外侧壁少数区域外，基础表面和中间层的径向及环向温度应力基本随浇筑厚度的增加而减小；基础外侧壁极小区域，除中间层径向温度应力随浇筑厚度的增加而减小，其余均随着浇筑厚度增加而增加，但增加幅度较小。可见随着浇筑厚度的增加，基础中心大部分区域温度拉应力减小甚至表现为压应力，只有外侧壁极少数区域应力略有增加。为此较厚基础相对于较薄基础，只有基础外侧壁少数区域更可能出现开裂。进一步研究表明：在继续加大基础侧壁保温措施的前提下，可有效地控制侧壁混凝土的环向拉应力；并且在选择合适的养护方式的前提下，可以适当降低甚至平衡基础外缘不利的温度应力。这点特别重要，在后面章节我们将继续探讨。

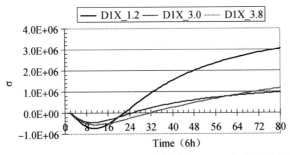

图 2.6.13　1.2m、3.0m、3.8m 厚度筏基 D1X 应力比较曲线

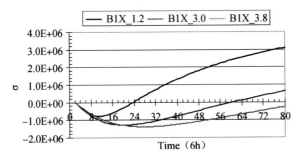

图 2.6.14　1.2m、3.0m、3.8m 厚度筏基 B1X 应力比较曲线

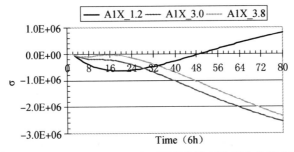

图 2.6.15　1.2m、3.0m、3.8m 厚度筏基 A1X 应力比较曲线

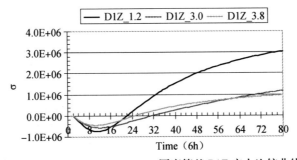

图 2.6.16　1.2m、3.0m、3.8m 厚度筏基 D1Z 应力比较曲线

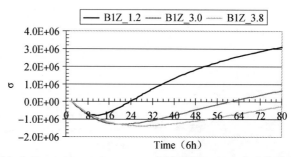

图 2.6.17　1.2m、3.0m、3.8m 厚度筏基 B1Z 应力比较曲线

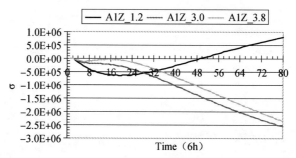

图 2.6.18　1.2m、3.0m、3.8m 厚度筏基 A1Z 应力比较曲线

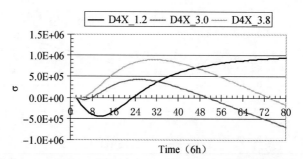

图 2.6.19　1.2m、3.0m、3.8m 厚度筏基 D4X 应力比较曲线

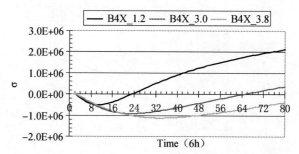

图 2.6.20　1.2m、3.0m、3.8m 厚度筏基 B4X 应力比较曲线

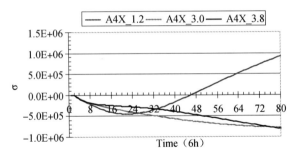

图 2.6.21　1.2m、3.0m、3.8m 厚度筏基 A4X 应力比较曲线

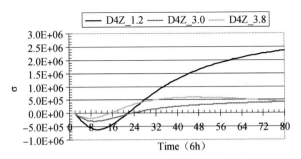

图 2.6.22　1.2m、3.0m、3.8m 厚度筏基 D4Z 应力比较曲线

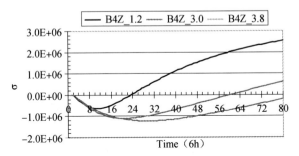

图 2.6.23　1.2m、3.0m、3.8m 厚度筏基 B4Z 应力比较曲线

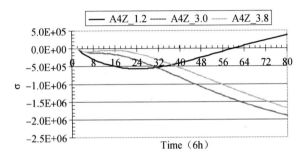

图 2.6.24　1.2m、3.0m、3.8m 厚度筏基 A4Z 应力比较曲线

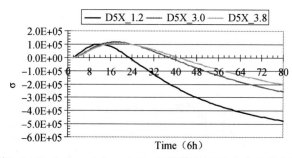

图 2.6.25　1.2m、3.0m、3.8m 厚度筏基 D5X 应力比较曲线

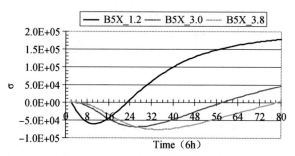

图 2.6.26　1.2m、3.0m、3.8m 厚度筏基 B5X 应力比较曲线

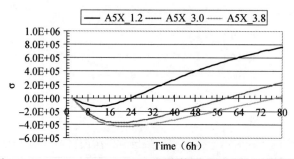

图 2.6.27　1.2m、3.0m、3.8m 厚度筏基 A5X 应力比较曲线

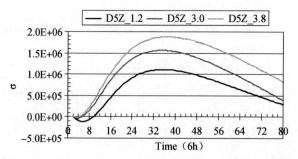

图 2.6.28　1.2m、3.0m、3.8m 厚度筏基 D5Z 应力比较曲线

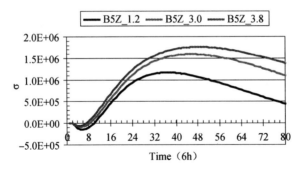

图 2.6.29　1.2m、3.0m、3.8m 厚度筏基 B5Z 应力比较曲线

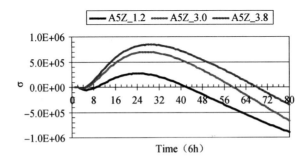

图 2.6.30　1.2m、3.0m、3.8m 厚度筏基 A5Z 应力比较曲线

6.3　安全壳筒身计算

现有安全壳筒身施工过程中，受先前施工器械和混凝土泵送工艺的影响，导致每层浇筑高度普遍不超过 2m，个别施工段高度在 1.5m 左右。现为了更好地优化施工工艺，缩短核电站安全壳建设，应在保证施工质量的同时，对混凝土施工段的高度进行优化，具体来说，就是加大每层浇筑的高度，从而缩小施工段数目，最终达到缩短工期的目的。

所以，安全壳筒身优化计算的目的，就是寻求一个合理的模板支设高度范围，在此范围内，筒身施工可以保证做到两个要点：

（1）保证混凝土可以有效地振捣，振捣棒可以有效地插入、拔出，对于闸门孔等钢筋密集区域，可以有效地保证混凝土的密实度和整体性。

（2）混凝土在浇筑过程中，尤其是初凝前，对钢板内衬（即内模板）的侧压力不至于使钢板内衬产生较大变形，从而有效地保证内模板的使用状态。

6.3.1 建模依据和原则

采用国际通用的有限元软件 SAP2000(v9.04) 进行了结构现状承载力校核验算。计算的主要流程如下：建立三维空间计算模型；输入结构整体信息、荷载作用信息和其他结构设计参数等；按照实测值调整结构计算控制参数（如几何尺寸、屈服强度等），以保证结构计算分析结果可以真实地反映结构现状；进行整体结构承载能力计算，并对计算结果进行总结归纳。

为了保证计算结果能够如实地反映结构的现状承载能力，就要求计算模型的受力体系、计算结果与实测数据获得最大的相似度，所以本计算模型在几何参数、材料参数、创建单元、单元集成和施加荷载五个方面作如下设定：

（1）几何参数：主要构件的几何尺寸按照设计图纸选取，各构件的空间轴线位置与设计要求一致。

（2）材料参数：混凝土、钢内衬的所有材料参数，包括抗拉（压）强度、屈服强度、泊松比、密度、重度、杨氏弹性模量、剪切弹性模量等都依据检测数据和设计要求选取。

（3）创建单元：混凝土采用 solid 单元（体单元），钢内衬采用 solid 单元（体单元），各个单元通过节点相接，保证了单元节点变形协调。

（4）单元集成：安全壳筒身为中心对称结构，计算时取 1/4 结构进行计算该安全壳筒壁浇筑状况的结构变形和承载能力，计算结果能够真实反映结构实际变形。

（5）施加荷载：荷载采用混凝土初凝前的侧压力，根据土力学的相关参数确定。

上述五个方面的设定原则，基本保证了该计算模型的分析结果可以如实反映结构的现状承载能力。

实际计算过程中选取了多个模型进行计算，但是考虑到核电施工的设备和浇筑振捣要求，这里只列出 2.5m 厚和 3.0m 厚的计算结果。

6.3.2 安全壳筒壁 2.5m 厚理论分析计算

应用 SAP2000 计算软件，对 1/4 安全壳筒身混凝土和钢内衬建立计算模型，设计一次浇筑高度 2.5m，如图 2.6.31、图 2.6.32 所示。

经计算，安全壳筒壁 2.5m 厚一次浇筑时，钢内衬内壁径向最大变形为0.2mm，出现在靠近浇筑底部的位置，环向和厚度方向变形都很小，所以认为2.5m 厚度一次性浇筑是可行的。筒壁和内衬截面变形如图 2.6.33 所示。

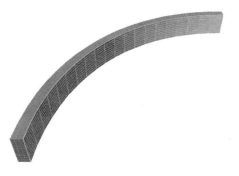

图 2.6.31　2.5m 厚安全壳筒壁计算模型

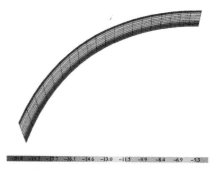
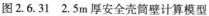

图 2.6.32　2.5m 厚安全壳钢内衬侧压力

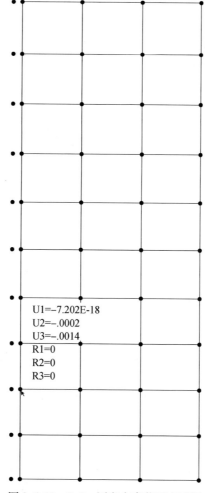

U1=−7.202E-18
U2=−.0002
U3=−.0014
R1=0
R2=0
R3=0

图 2.6.33　2.5m 厚安全壳截面变形图

6.3.4　安全壳筒壁3.0m厚理论分析计算

应用sap2000计算软件，对1/4安全壳筒身混凝土和钢内衬建立计算模型，设计一次浇筑高度3.0m，如图2.6.34、图2.6.35所示。

图2.6.34　3.0m厚安全壳筒壁计算模型

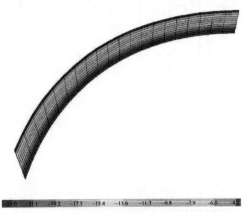

图2.6.35　3.0m厚安全壳钢内衬侧压力

经计算，安全壳筒壁3.0m厚一次浇筑时，钢内衬内壁径向最大变形为0.3mm，出现在靠近浇筑底部的位置，环向和厚度方向变形都很小，所以认为3.0m厚度一次性浇筑是可行的。筒壁和内衬截面变形如图2.6.36所示。

6.3.4　安全壳筒壁分层结论

经多次调整的计算结果表明：

（1）因为安全壳筒身厚度较大（按900mm计算），钢内衬厚度也较大，故一次浇筑混凝土的高度在2.5~3.0m范围内，模板内衬变形都很小，可以保证正常使用；

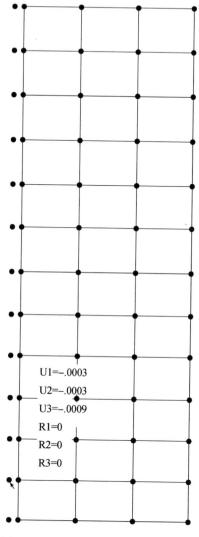

图 2.6.36　2.5m 厚安全壳截面变形图

（2）同时，对于闸门孔等钢筋密集区域，应结合内部结构的施工进展，适当地降低模板支设高度，如 1.5～2.0m。

6.4　理论分析结论

有限单元法以其自身众多的优良特点，在各行各业中得到了广泛的应用。

核电站筏基以其项目特殊性和重要性，有史以来一直采取分层分块的浇筑施工方式，有限单元法的引入给大体积混凝土、核电站筏基的整体浇筑开辟了更广阔的空间。

本节一方面基于理论分析，另一方面在实践中采用先进的监测技术，确保理论与实践相互校验，提出了动态有差别的施工养护方式。通过编制有限元分析软件，建立基础整体有限单元模型，对整浇全程进行深入全面的仿真分析，研究了基础不同浇筑厚度、不同滑动层滑动能力、不同施工养护方式及技术指标对施工温度应力的影响规律，验证了实施多层整体浇筑、防水层兼做滑动层、动态有差别的施工养护方式的理论基础。同时课题还对混凝土的收缩进行了较全面的研究，研制了混凝土的无约束监测装置，对核电特定配合比混凝土在不同养护方式下的收缩进行监测和分析。本节基于上述研究，基本明确了当前流行核电技术圆形基础施工的温度和应力应变发生、发展规律，提出避免混凝土裂缝的基本原则和方法，为科学制定施工方案提供基本依据，为核电基础混凝土的整体浇筑成功实践和推广奠定了坚实基础。为此，本节得出主要结论如下：

（1）在合理施工养护等技术措施保障前提下，AB 层、ABC 层整体浇筑是可行的。

（2）通过理论分析可以确定并优化施工养护方式和具体养护技术指标，从而确定合理的养护技术措施。

（3）通过理论分析可以确定相应的温控指标，指导温控技术措施的制定，为数字化施工提供理论支持；同时，为现有《大体积混凝土施工技术规范》的监测技术要求提供必要补充。

（4）通过理论分析和实测比较，提出 CPR1000 核电站筏基基底滑动层模型；并分析了 CPR1000 核电站筏基整体浇筑施工混凝土的热应力场分布规律。滑动层模型的设计为后续 CPR1000 核电站筏基浇筑施工有限元分析及温控、应变监测提供必要参考和理论支持。

（5）通过理论分析，确定了不同滑动能力对施工热应力的影响，指明滑动层对施工热应力有较大的影响，提出设计中宜考虑减少大体积混凝土外部约束的技术措施；提出大体积混凝土置于岩石类地基上时，宜在混凝土垫层上设置滑动层等技术措施。

（6）通过理论分析，确定了不同浇筑厚度对施工热应力的影响，指明了多层整体浇筑的理论基础。

7 CPR1000 大体积混凝土优化计算模型及理论实测数据对比分析

7.1 优化计算模型 （图2.7.1~图2.7.7）

根据多个CPR1000核电站大体积混凝土实际浇筑的经验总结，经多次理论分析优化得到了筏基基础、安全壳筒身及安全壳整体的理论计算模型，目前筏基的优化方案已经得到了3个以上的工程实例验证，理论分析和实测数据非常吻合，说明了该理论分析的可行性和实用性。

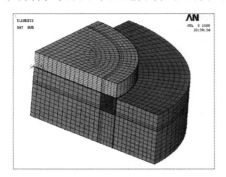

图 2.7.1 优化后的筏基和岩石有限元模型 （3.8m）

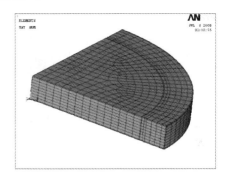

图 2.7.2 筏基有限元模型

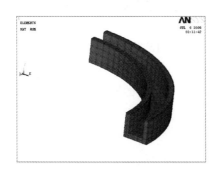

图 2.7.3 廊道有限元模型

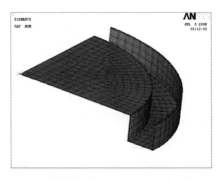

图 2.7.4 滑动层有限元模型

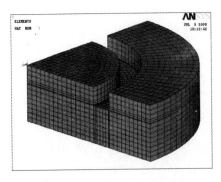

图 2.7.5　基岩有限元模型

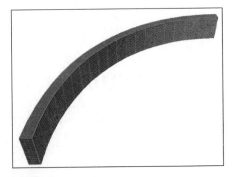

图 2.7.6　优化后的安全壳筒身模型（3.0m）

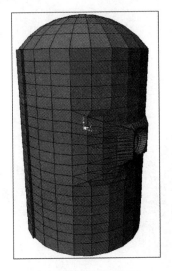

图 2.7.7　安全壳整体模型

7.2　混凝土理论分析及应力测试方法

通过对 CPR1000 基础混凝土进行有限元计算可以掌握混凝土水化过程中温度应力的一般规律，混凝土的温度应力是一个动态发展过程，温度产生的应力与混凝土的几何形状、外界边界条件密切相关。同样的混凝土在不同的边界条件下产生的温度应力差距很大。此处我们将混凝土的保温条件、边界约束统称为边界条件。

由于混凝土是一个不均匀材料，同时内部又包含有一定的钢筋使得混凝土的各项热力学参数变得复杂，同时混凝土内部各部分承受温度应力的能力不

150

同。混凝土在浇筑后若干天强度上升阶段，除了承受温度应力的作用，还承受混凝土水化收缩产生的应力，这种应力称之为收缩应力。混凝土在收缩应力和温度应力的共同作用下，内部的应力状态非常复杂。

在此说明的是，混凝土在温度和收缩作用下不一定就会产生应力，这是与很多条件相关联的，比如内外温度差、边界的约束条件、混凝土终凝时的温度场等。

理论计算阶段，温度应力可以与温度相对应，而收缩应力却相当难以确定。每种混凝土的组分不同，采用的外加剂不同，各地区不同季节的气候环境千差万别，而这些因素都决定了混凝土的收缩特性。由于混凝土的收缩特性无法定量的描述，计算时很难作为一个确定的初始参数运用。因此对混凝土进行现场监控，对监控的数据进行分析及时地指导现场的混凝土养护显得极为重要。

现场混凝土浇筑完后进行养护，在此阶段混凝土处在温度应力和收缩应力的共同作用下，各个部位应力水平取决于温度应力和收缩应力的共同作用。

混凝土在收缩过程中，外界的人为干预起的作用很小，而温度应力却可以在不同的保温条件下得到控制，通过有限元计算得知，像CPR1000这种圆饼状混凝土（半径19.75m，厚度3.8m）最不利的保温措施是侧面保温措施不足时混凝土的温度应力最大，图2.7.8为不同的保温计算条件下混凝土应力理论结果，在各种保温条件下，侧面裸露上表面绝热条件下混凝土的拉应力最大。收缩应力无从控制而温度应力可以人为干预，为实际调节混凝土的总应力提供了一个方法和手段。

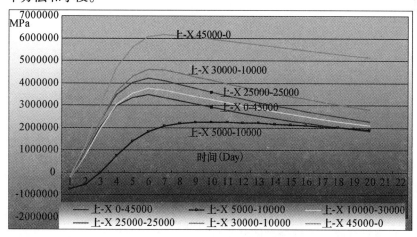

图2.7.8 不同保温组合下混凝土边缘环向应力

（前边参数表示侧面传热系数，后一个参数表示上表面传热系数）

通过现场监控得到混凝土的实际收缩和混凝土的温度应力，通过温度应力来调节和"中和"混凝土的收缩，从而降低混凝土的应力，避免混凝土开裂。

要控制混凝土的应力，首先要能够监测出混凝土的收缩应力和温度应力，而这两个都是很复杂技术问题，目前国内外还没有很成功的经验，很多国内专家都认为这两方面都是不可测的问题。而且大体块混凝土是三向受力，单向应力并不能完全控制混凝土的裂缝。

混凝土在水化过程中，由于热传导和对流的作用，内外温度总是不一样，造成混凝土温度总是中间高，外部低，一般来说，外部混凝土受拉而内部混凝土受压，而这一特性往往是可以加以利用的。

测试方法及工程应用详见第一篇中7.2、7.3。

7.3 混凝土温度内力规律分析

实际监测的基本类型有两种，一类测点是监测测点所在位置混凝土总的应变，另一种是监测混凝土的单向自由应变如图1.1.4所示的装置，该装置内混凝土是可以自由收缩的，基本不受周围混凝土的约束，通过这一装置可以监测混凝土的水化收缩，而这一收缩对控制混凝土的裂缝非常重要，收缩产生的应力有时候会大于温度产生的应力而成为混凝土开裂的主要因素。

到目前为止，一共进行了3个3.8m厚基础的监测，获得了大量的数据。通过监测我们达到了两个基本目的：

（1）验证了理论计算分析结论的准确性，及3.8m厚基础一次浇筑在特定的环境下的内力是可以控制的，或者说裂缝是可以避免的。

（2）验证了混凝土动态养护的可行性，掌握了动态养护的基本方法，积累了动态养护的经验。

通过数据的分析，可以得到以下一些CPR1000基础混凝土规律：

（1）混凝土的升降温规律；

（2）混凝土收缩规律；

（3）混凝土温度内力形成的规律；

（4）掌握混凝土裂缝控制的基本规律。

研究混凝土的升降温规律目的是为了制定合适的养护时间，保证在合理的时间段内将混凝土的温度降下来而且保证混凝土不出现裂缝。

3.8m 混凝土中心的温度接近于混凝土的绝热温升，混凝土是一个不良导体，热量从内向外传导是一个缓慢的过程，温度降的速率取决于内因和外界条件。内因是由混凝土的基本特性决定的，表现为混凝土的导热率，一般为970J/g，实际上混凝土包含有一定的钢筋，总体来讲混凝土的导热率会大于970J/g。外界因素就比较复杂了，包括表面温度的变化与保温层厚度，空气的温湿度，空气的流动速度等。

混凝土的内部热量向外传递时一方面与导热率有关，另一方面与表面温度有关（ΔT，混凝土内外温度差），而导热率是一个常数，因此表面温度就是一个可控的因素。通过控制混凝土表面温度来适时调整混凝土的温度场，就是一个控制温度应力的唯一途径，因此必须仔细研究其特征、特点包括定性规律、定量参数。其他工程中为了控制混凝土的温度在混凝土内部设立了一些水管，通过水温来主动调节混凝土内部的温度。

7.3.1　升温规律

中心温度上升的规律主要取决于混凝土的导热率、厚度和上表面的保温措施，最重要的是混凝土的水化激烈程度，而间接因素是混凝土的入模温度。在入模温度、环境温度低的情况下，混凝土的水化激烈程度小，温度上升的缓慢一些，如果入模温度、环境温度高，则混凝土的水化激烈程度高，混凝土温度上升得非常快。图 2.7.9 和图 2.7.10 是基础混凝土中心温度变化率，升温阶段温度变化相当快，最快每小时达到了 8℃，每天达到了 45℃，前期温度变化迅速，两天就达到了最高温度。

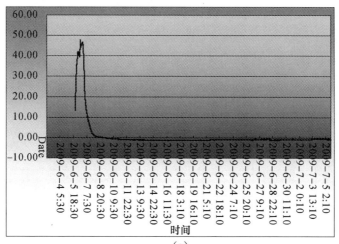

（a）

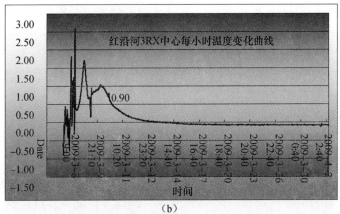

（b）

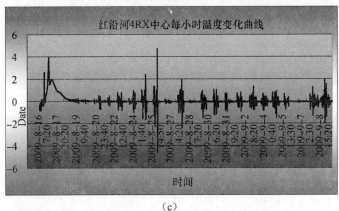

（c）

图 2.7.9　混凝土中心每小时温度变化曲线

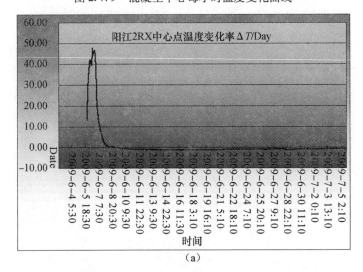

（a）

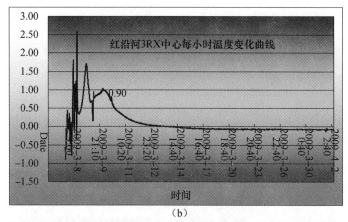

（b）

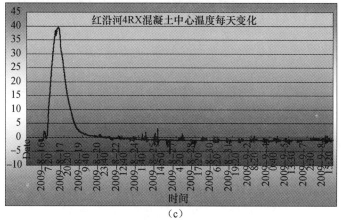

（c）

图 2.7.10　混凝土中心每天温度变化曲线

重要的建议，在混凝土的升温阶段必须立即进行保温，如果表面晾晒，混凝土内外很快形成温差，混凝土短时间内产生大的应力，混凝土会出现裂缝。

红沿河 3#岛浇筑时平均环境温度 5℃左右，混凝土入模温度 9℃左右，天气还相当寒冷，因此混凝土水化程度很缓慢，浇筑完 5d 才达到最高温度。而红沿河 4#岛浇筑时为夏天，平均环境温度 25℃左右，混凝土入模温 25℃左右，天气还相当炎热，混凝土水化程度激烈，浇筑完 2d 就达到最高温度。图 2.7.11 和图 2.7.12 为中心温度曲线，比较两曲线可以明显看出这一趋势。

作者认为，在混凝土升温阶段应及时对混凝土表面进行覆盖，原因有三：

（1）内部混凝土的水化反应强烈，温度急剧上升，而表面如果不保温，则内外温度差距加大，表面混凝土很快积聚大量的应变能量，而此时混凝土的强度很低，十分容易开裂；

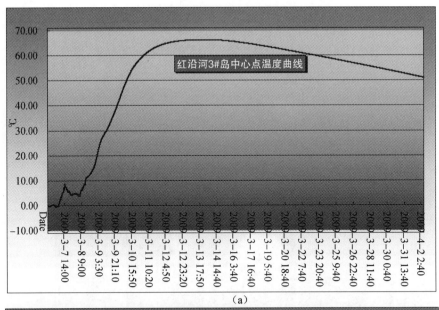

（a）

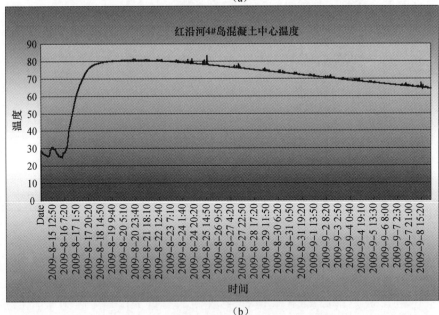

（b）

图 2.7.11　红沿河 3RX、4RX 中心温度曲线

（2）早期混凝土如果内外温度差距过大，会引起混凝土内外强度的不同，内部温度高强度增长的也快，外部温度低强度也低，同样造成外部混凝土容易出现裂缝；

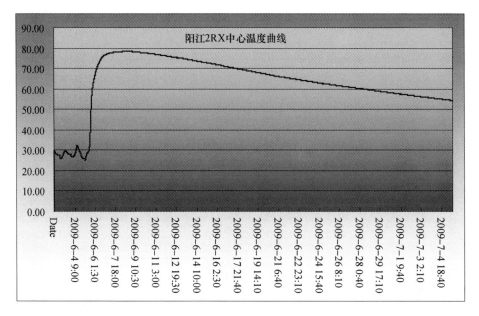

图 2.7.12　阳江 2RX 中心温度曲线

（3）大体积混凝土中心温度下降相对困难，而表面温度却很容易下降，因此如果早期不保温，则到最高点时，整个混凝土已经形成了很大内外温度差，一旦开始降温，则表面下降较快时，温度应力很大，引起混凝土表面出线裂缝。同时如果前期温度差过大，当混凝土内外温度一致时，混凝土内部可能出拉应力，存在后期出现裂缝的隐患。

7.3.2　降温规律

一定厚度混凝土温度下降，特别是中间温度下降是有规律的，由于中间热量向外界传递时可以向各个方向进行，就以 CPR1000 中 3.8m 混凝土为例，其基础中间位置的热量垂直向上传播的路径最短，热量最容易传导，因此垂直方向的温度差对中心温度下降起了关键作用，垂直方向一个是向上，一个是向下，底部是岩石，导热能力很差，且随着混凝土对其加热作用，温度也逐步上升，与混凝土温度接近，温度梯度越来越小。而上表面是空气，热量散发相对容易，因此中心热量最容易散发的路径是垂直向上。图 2.7.13 不同位置上中下温度曲线，中下位置温度变化平稳，而上部温度变化相对较快，上部温度受环境影响很大。

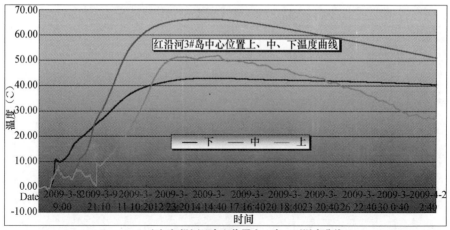

（a）红沿河3#中心位置上、中、下温度曲线

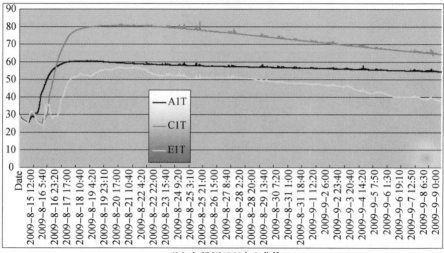

（b）红沿河4RX中心曲线

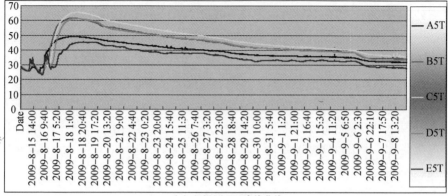

（c）红沿河4RX边缘曲线

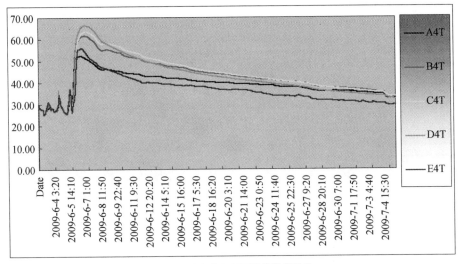

（d）阳江2RX边缘温度曲线

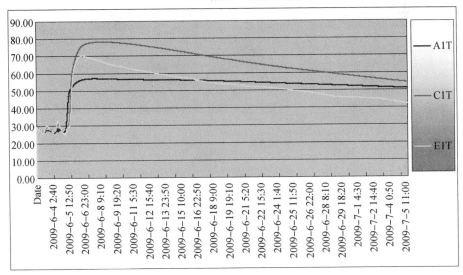

（e）阳江2RX中间温度曲线

图 2.7.13　不同位置上中下温度曲线

再看各点的降温速率及每 24h 的温度变化率，图 2.7.14 为不同位置上中下温度变化率曲线。下部温度变化率很小，基本保持为常数，而中间位置变化也很平缓，只有上部点随着环境的变化而变化。在较短的时间内不管是升温阶段还是降温阶段，混凝土的水化热都存在，每个点的温度都是水化热量散发的热量平衡的结果，其基本规律是由傅里叶导热定律所决定。

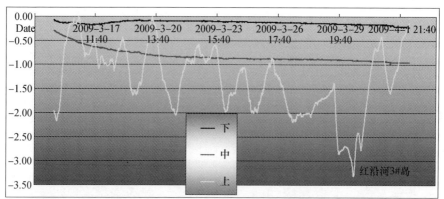

注：上图说明，表面温度的变化并不能很快影响到内部混凝土的温度，有一个滞后特性。

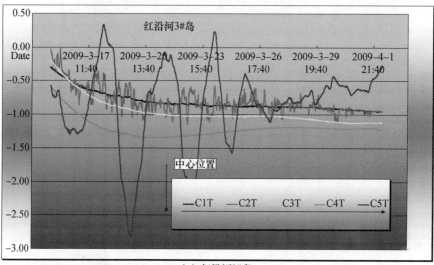

（a）红沿河3#岛

注：上图说明，降温速率从中间到边缘逐渐增大。

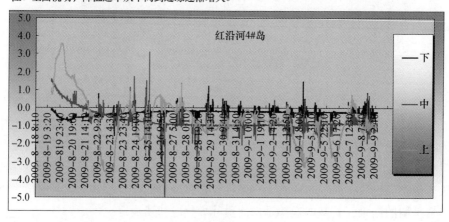

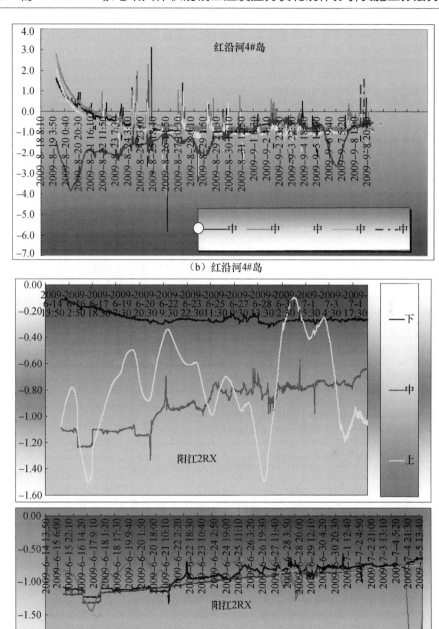

（b）红沿河4#岛

（c）阳江2#岛

图 2.7.14　阳江 2#岛中间位置上、中、下温度变化率曲线

混凝土中间位置沿水平半径方向温度变化是从中间往边缘逐步变得不稳定。阳江 2RX 和红沿河 4RX 浇筑时环境温度都很高，混凝土的入模温度 25℃左右，白天环境最高温度在 30℃ 左右，混凝土中心最高温度接近 80℃，与环境温度的温度差基本在 50℃ 左右；红沿河 3RX 入模温度 10℃ 左右，白天环境最高温度在 60℃ 左右，与环境温度的温度差也基本在 50℃ 左右。

在同样的温升条件下，不同保温条件，阳江 2RX 上表面采用适当加水养护，而红沿河 4RX 上表面完全采用麻袋片保温，中心点的降温速率基本都在 1°C/d 左右，这与计算得出的结论相似。从数据和计算可以得到一个重要结论，中心温度的降温速率为 1°C/d 左右，而中心温度的有效温度差基本在 20℃ 和 30℃ 之间。因此，中心所须的降温时间可以定在 20d 左右，也就是说混凝土的养护时间可以定在 20d，可以以 20d 为基准。混凝土周边由于有侧面和上表面两个自由面供热量散发，因此边缘区域不是温度控制区。

7.3.3　混凝土收缩规律

通过无约束测点现场测试混凝土的收缩，混凝土的收缩与温度应力同样重要，有时候，混凝土收缩是决定混凝土是否开裂的决定因素。由于混凝土收缩控制的困难，很多工程往往在保温措施非常到位的条件下混凝土仍然出现裂缝。这也是人们百思不得其解的原因。

此处所说的混凝土收缩主要是指水泥水化反应过程中混凝土发生的体积变化，与温度收缩、干缩有所不同，我们称之为水化收缩。这一收缩在混凝土内部也是不均匀的，由于收缩的不均匀，同样会在混凝土内部产生很大的应力，设想一下，如果混凝土表面收缩大，内部收缩小，表面一定会出现拉应力，内部必然被压，反之内部收缩大，表面收缩小，则内部受拉，外部受压。

混凝土的收缩应力和温度应力同时存在，如影随行，往往共同作用使混凝土出现裂缝。因此，控制混凝土裂缝仅仅控制温度是远远不够的。温度是现场可控的，收缩是无能为力的。既然这样我们可以通过温度应力来控制和平衡收缩应力，使它们相互抵消，以降低混凝土的整体应力，避免混凝土出现裂缝。

下面是我们实际测试到的混凝土收缩。图 2.7.15 是红沿河 3RX、4RX、阳江 2RX 的 3.8m 混凝土浇筑时混凝土收缩。红沿河 3RX、阳江 2RX 混凝土是中间收缩比边缘大，使得边缘混凝土受压，混凝土更不容易开裂；红沿河 4RX 混凝土是中间收缩小边缘大，混凝土产生的裂缝可能性增大，这一结论与混凝土最终裂缝状态非常吻合，红沿河 3RX、阳江 2RX 混凝土表面出现的裂缝非常微细，而红沿河 4RX 混凝土出现的裂缝比红沿河 3RX、阳江 2RX 要宽长。

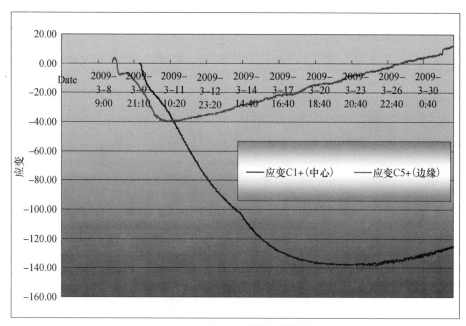

（a）红沿河3RX混凝土收缩曲线

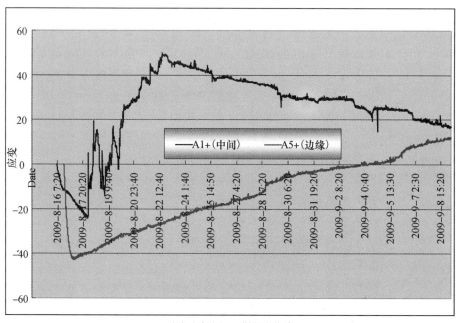

（b）红沿河4RX混凝土收缩

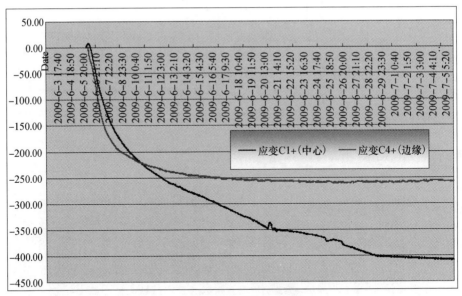

（c）阳江2RX混凝土收缩曲线

图 2.7.15　红沿河 3RX、4RX、阳江 2RX 的 3.8m 混凝土浇筑时混凝土收缩

　　一般来说，由于外表面温度下降的相对快一些，温度在混凝土内产生的应力总是表面受拉，内部受压（理论基础见图 2.7.16 模型），对于像红沿河 3RX、阳江 2RX 混凝土是中间收缩比边缘大的情况，表面的收缩应力为压，温度应力和收缩应力是反向的，相互之间相互削减，对避免混凝土出现裂缝十分有利，红沿河 3RX、阳江 2RX 混凝土表面基本无裂缝就是很好的说明（红沿河 3RX、阳江 2RX 混凝土表面裂缝宽度都在 0.01mm 左右，长度 500mm 左右，且只有有限的几条。需要说明的是，根据理论分析在采用的保温措施下，混凝土裂缝最大可能就在侧面，且呈现为竖向，位置在侧面下侧）。

　　图 2.7.16 为一个圆饼状结构内部半径为 a 的区域，为 ΔT 是内部圆和外部圆环的内力分布，内圆环的径向和切向应力都为压，而外部圆环的切向应力都为拉，径向应力为压。

　　实际上混凝土的温度应力与温度之间还有更为复杂的问题，混凝土在流态时内部已经存在温度差，而此时未有应力存在，当混凝土终凝后，混凝土成为固态，此时已经存在的温度差继续变化，变化的温度差才会形成温度应力，在此我们将混凝土终凝后继续形成的温度差称之为有效温度差。从实际监测到的数据看，红沿河 3RX、4RX 混凝土终凝中心部位已经存在 12℃ 左右的温度差，而阳江很小。

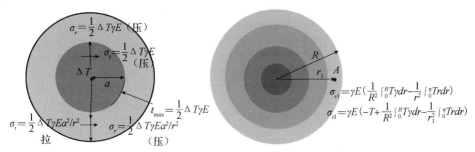

图 2.7.16　CPR1000 基础混凝土相似理论模型

7.4　应变监控

混凝土产生收缩应变和温度应变，大体积混凝土的温度应力和应变之间服从胡克定律。复杂的是混凝土在发生温度和收缩的作用时由于混凝土之间的相互约束及外界约束，并不一定服从胡克定律，即应变和应力不一定是线性的关系，换句话说，应变并不一定产生应力，产生应力不一定存在应变，因此应力和应变之间是一个复杂问题。

通过采用参考零应力测点，可以基本解决这一问题。每个测点实测应变减去零应力测点应变值得到该点混凝土弹性应变。以单向弹性应变来判断混凝土的实际受力状态会有一些困难和误差，但从目前实际测试效果看还是非常有用的。

图 2.7.17 为红沿河 3RX、4RX、阳江 2RX 基础混凝土上、中、下面混凝土弹性应变测试曲线（R 径向，T 切向），都存在以下基本规律：

（1）拉应力区域只存在于边缘处；

（2）拉应力只在切向存在。

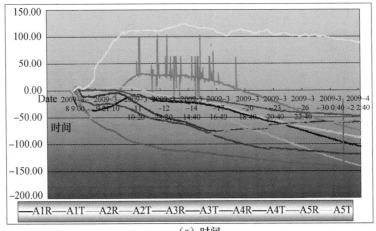

（a）时间

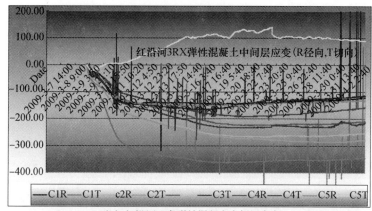

（b）红沿河3#岛弹性混凝土中间层应变

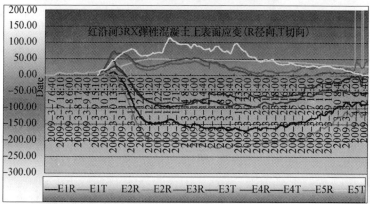

（c）红沿河3#岛弹性混凝土上表面应变

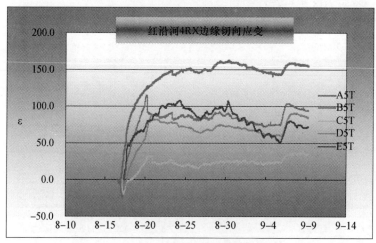

（d）红沿河4#岛边缘切向应变

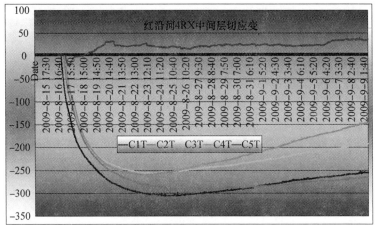

（e）红沿河4#岛中间层应变

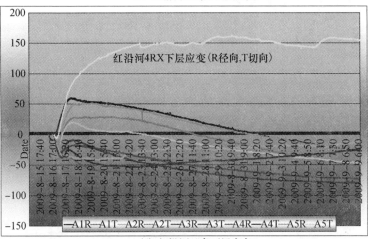

（f）红沿河4#岛下层应变

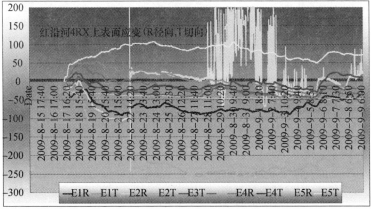

（g）红沿河4#岛上表面应变

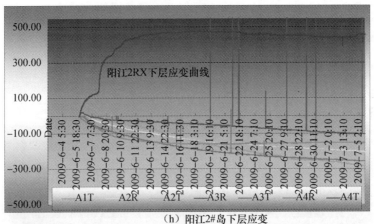

（h）阳江2#岛下层应变

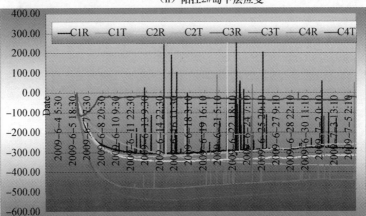

（r）阳江2#岛中层应变

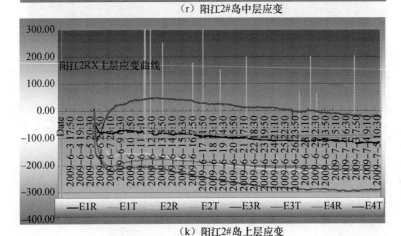

（k）阳江2#岛上层应变

图2.7.17　混凝土主要部位应变曲线

研究混凝土实测的弹性应变是为控制混凝土裂缝服务的，决不是为测而测，这里涉及到一个基本问题，混凝土在什么时候开始可能出现裂缝，这里涉及到混凝土极限开裂应变值的确定，在岭澳 2 期开始进行的应变监测中，初步确定 $100\mu\varepsilon$ 为一个关键值，美国 ACI 标准中确认在 $150\sim200\mu\varepsilon$ 之间混凝土可能开裂。图 2.7.18 为红沿河 2RX、4RX 侧面环向应变监控曲线，接近岩石的位置环向应力最大，曲线在 $150\mu\varepsilon$ 左右时发生突变，说明传感器处混凝土出现裂缝。向上突变说明裂缝跨传感器，向下突变说明裂缝在传感器附近，开裂后应力得到释放，通过应变的突变值可以估算裂缝的宽度。

从目前监控的混凝土应变结果分析，目前采取的保温措施还是科学及时有效的。

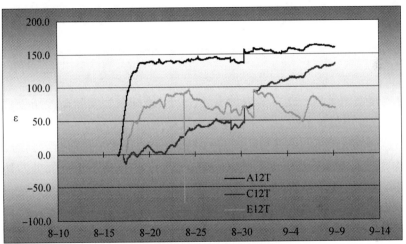

（a）红沿河4RX边缘切向应变曲线

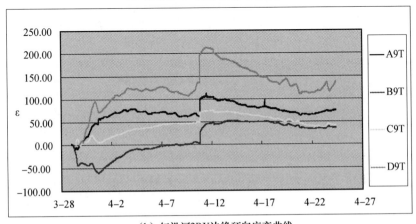

（b）红沿河2RX边缘环向应变曲线

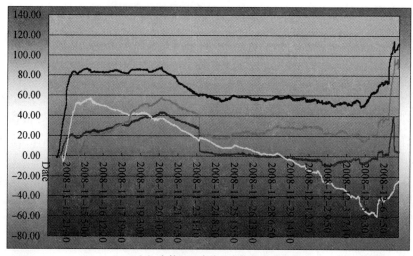

（c）宁德2RX边缘环向应变监控曲线

图 2.7.18　环向应变监控曲线出现的突变

（1）混凝土采用了动态的养护方式，保温措施根据实际监控结果进行及时调整，保证混凝土的应力小于混凝土的极限拉应力；

（2）混凝土最不利的部位为侧面与岩石交界的位置，目前监测到的 3m 及 3.8m 厚混凝土基础都是侧面下部水平应变最大，这是因为下表面处与地面和基础岩石接触，地面经常有积水，保温相对困难，同时基础的约束，造成应力大，实际混凝土出现的裂缝都存在于侧面竖向下部，这一规律与有限元计算结果完全一致（图 2.7.19）。

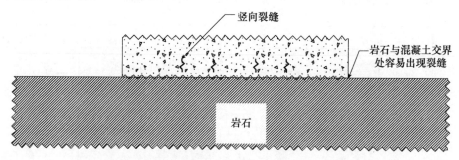

图 2.7.19　混凝土裂缝位置

（3）混凝土的早期保温、侧面保温十分重要，混凝土冲毛后应立即对混凝土表面进行覆盖，可以有效遏制边缘混凝土拉应力的趋势，对控制裂缝十分有好处。

170

（4）大体积混凝土保湿很重要，但混凝土表面只要适当有湿度即可，不宜有积水存在。

7.5　理论分析和监测数据对比分析

到目前为止，我们主要研究和比较了 3 个 3.8m 厚 CPR1000 基础混凝土的温度及应变测试结果，基本描述了在特定养护条件下混凝土温度应变、收缩应变的发展规律。这几个工程事例，基本涵盖了北方、南方的气候特点。混凝土从较低的入模温度、环境温度到较高的入模温度、环境温度，混凝土的温度应力、收缩特性基本服从统一的规律。

对混凝土进行科学的全过程温度应力分析，实时的动态养护方式，主动控制混凝土的温度应力和收缩应力，完全可以避免混凝土养护期间出现过大的应力，从而有效控制混凝土裂缝，保证结构的安全和混凝土的耐久性。

开展 CPR1000 大体积混凝土施工裂缝控制研究，我们主要研究了 3m 厚和 3.8m 厚两种形态的混凝土的温度特性，从动态的角度来分析混凝土的温度变化规律，探讨一条控制混凝土温度应力发生发展的变化规律，以便能够有效地控制混凝土裂缝，保证混凝土的施工质量。

理论计算了两种形态的混凝土模型，3m 和 3.8m 厚混凝土，下面分析混凝土温度应力计算结果比较。

（1）主应力比较

在同样的保温条件下，计算 3m 厚混凝土和 3.8m 厚混凝土的最大主应力，比较在不同时间点混凝土的最大主应力分布规律，图 2.7.20 为 200h 时混凝土的最大主应力分布图，最大主应力分布规律基本一致，混凝土部分最大值都在侧面水平方向，是混凝土裂缝的控制参数，只要控制了主应力水平在同时期混凝土抗拉强度之下，就可以保证混凝土不出现裂缝。图中在张拉廊道位置由于约束的存在有一些应力集中区域，也是应该引起注意的。

（2）环向应力比较

在同样的保温条件下，计算 3m 厚混凝土和 3.8m 厚混凝土的环向应力，比较在不同时间点混凝土的环向应力分布规律，图 2.7.21 为 360h 时混凝土的环向应力分布图，环向应力分布规律基本一致，混凝土部分最大值环向应力都在外围，中间部位的环向应力都为压，与模型的解析解完全吻合。

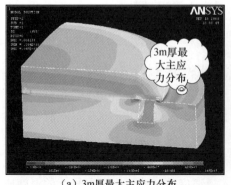 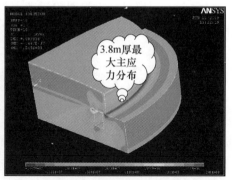

（a）3m厚最大主应力分布　　　　　　　　（b）3.8m厚最大主应力分布

图 2.7.20　3m、3.8m 厚混凝土最大主应力

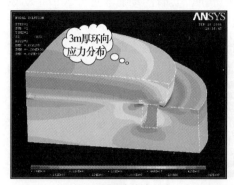 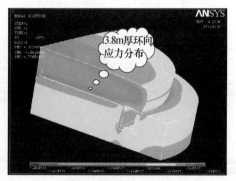

（a）3m厚环向应力分布　　　　　　　　（b）3.8m厚环向应力分布

图 2.7.21　3m、3.8m 厚混凝土环向温度应力

如果混凝土上表面保温措施足够的话，竖向温度梯度将很小，此时混凝土接近平面问题，此时环向应力接近最大主应力。

（3）变形比较

混凝土温度变化时发生的变形，如果受到约束，则会产生约束应力，CPR1000 基础温度变化时变形约束来自底板的摩擦力。可以想象，底部混凝土终凝时温度继续升高时，混凝土将受到来自底板垫层的摩擦反力的作用，由于这一摩擦力的存在，使得混凝土下部受力与上部混凝土温度应力的特征不一致，最大主应力向侧面下部转移。图 2.7.22 为 3m 和 3.8m 厚混凝土侧面应变监测曲线，两种厚度的应变趋势及分布规律完全一致，侧面下部环向应变最大，是裂缝最危险区域。

通过实际监测和理论计算，同样的保温措施条件下 3m 和 3.8m 厚混凝土温度应力特征基本一致，混凝土施工的风险一致。

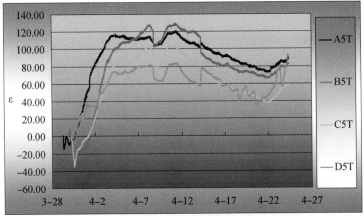

（a）红沿河2RX3m厚混凝土侧面环向应变曲线

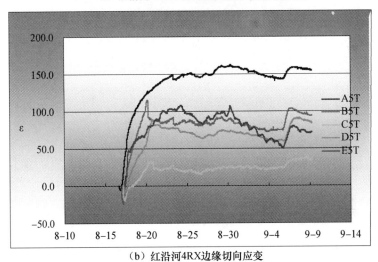

（b）红沿河4RX边缘切向应变

图 2.7.22　3m 和 3.8m 厚混凝土侧面应变监测曲线

8 优化后的施工分层方案

8.1 原施工分层方案

核岛反应堆厂房筏基（图 2.8.1）整体直径 39.5m，总厚 5.5m，设计划分 5 层，即 A 层厚 1.2m，混凝土量为 1470m³；B 层厚 1.8m，混凝土量为 2206m³；C 层厚 0.8m，混凝土量为 930m³；D 层厚 0.95m，混凝土量为 872m³；E 层厚 0.75m，混凝土量为 744m³。C 层上表面设计有承载钢衬里内、外环板的钢结构支撑，D 层表面设计有承载钢衬里底板的钢结构支撑。

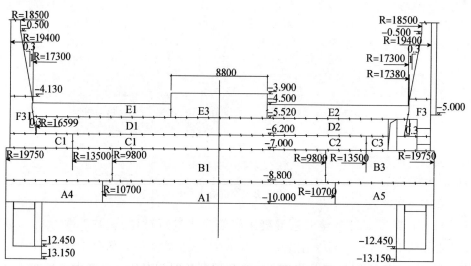

图 2.8.1　反应堆厂房筏基分层分段图

鉴于施工工艺的限制及成本控制方面考虑，核岛反应堆厂房筏基的 A、B、C 三层整浇较为合理。考虑到 D 层表面设计有承载钢衬里底板的钢结构支撑，且有永久性仪表（EAU）水准系统，E 层也有部分水准系统管道穿过，核岛反应堆厂房筏基将 D 层、E 层分层不分段浇筑较为合理。

对安全壳施工，亦可以参考筏基整体浇筑的成功经验，积极完善两方面的工作：一方面合理设计模板支撑体系，保证足够的侧面承载；另一方面系统规划处理好预埋件、贯穿件施工和安全壳施工的关系，保证关键路径工作得以顺利实施。在此基础上，增加模板支设高度，进一步缩短安全壳施工分段数，也可以有效地缩短工期。

核电站核岛反应堆厂房筏基浇筑开工到穹顶吊装是核电站建设过程中的关键路径，国内已建或在建的电站中，核岛反应堆厂房筏基都是按照设计要求的分层分段进行控制施工的，较容易进行层段的质量控制，但施工缝数量过多造成工期延长，相应施工计划也是按照分层编制的，并计入了关键路径。CPR1000 总工期最终要求压缩至 54 个月。如施工技术上没有突破，则目标难以实现。

如果将核岛反应堆厂房筏基 A、B、C 三层由原来的分层分段改为整体一次性浇筑，就能够缩短施工工期，但带来的问题是，核岛反应堆厂房作为核电站的重要核心，所有施工必须在质量可靠可控下进行，即使用完全成熟或经过核电验证过的工艺，不仅质量须满足要求，还要一次性做好。反应堆筏基属于大体积混凝土，大体积混凝土控制的难点就在于裂缝控制，类似于核岛反应堆厂房的筏基项目在国内较为少见，也没有过多的经验可借鉴，存在相当大的风险。

为做好筏基施工，中广核工程公司和各相关承包商在施工中进行了一系列的革新改进，投入了大量人力物力用于大体积混凝土整体浇筑施工项目，在裂缝控制领域研究和现场控制方面取得了长足的进展，极大地推动了核电建设的进程。以红沿河项目为例：红沿河 1RX 筏基 A 层为不分段一次浇筑，B 层为按图施工，C、D、E 层均为分层不分段浇筑；2RX 筏基 A/B 层实现了整体一次浇筑（C、D、E 层仍为分层不分段），对比三级计划有效的节约了 13d 工期（以 FCD 至 C 层混凝土浇筑完成进行对比），与 1RX 实际工期对比节约工期 12d。3RX 筏基采用 A/B/C 三层整浇，大部分工作在 FCD 前完成，按三级计划工期提前 20d（按 D 层开始时间对比，已考虑养护期适当延长）。

目前，中广核工程公司已先后在红沿河核电站和阳江核电站进行了筏基 A、B、C 三层整浇施工，整浇施工涉及 3 个核岛反应堆厂房筏基，裂缝控制均达到了满意的效果，拆模后表面无明显裂缝。同时，理论研究也日趋成熟，形成了一套完整的针对核电大体积混凝土施工和裂缝控制的理论。理论研究和实践表明，整体浇筑施工作为一项成熟可靠的技术在核电站建设具有广阔的推广前景，应适时总结经验完善和丰富施工计划。

8.2　新施工分层方案

8.2.1　优化筏基施工方案原则和内容

通过研究不同厚度、不同体量混凝土的温度应力的基本规律，可以选择最佳混凝土施工方案，选择最优化施工方案的基本原则是：

（1）一次浇筑混凝土尽量最大，这是施工方面的考虑，加大单次施工体量可以大大缩短施工工期，降低管理成本。

（2）保证混凝土施工质量和安全，表面和内部不出现有害裂缝，以保证混凝土的安全性和耐久性可以达到设计使用要求。

作者对不同厚度和类型的混凝土温度应力进行理论计算，并对其温度应力变化规律进行了比较分析，得到的结论是：各类基础的温度应力特征基本相同，温度应力分布规律非常相似。

目前，在精确有效的理论分析计算的强有力支持下，筏基分层已经得到了红沿河核电站、阳江核电站、宁德核电站、台山核电站等多个核电站的7个核岛筏基的整体浇筑施工的有力验证，说明筏基一次性整体浇筑是可行的，而且在裂缝控制等方面是非常有效的。作者通过3个已施工的3.8m厚度筏基的实测数据分析，计算结果基本符合工程实际，由此得出结论：

CPR1000基础可以采用4m左右一次性浇筑，完全可以保证混凝土的质量和安全。

鉴于施工工艺的限制及成本控制方面考虑，新筏基施工采用了整体浇筑的思路，计划要点如下：

（1）核岛反应堆厂房筏基将A、B、C三层形成整浇较为合理，应采用A、B、C三层整浇方案；

（2）考虑到D层表面设计有承载钢衬里底板的钢结构支撑，且有永久性仪表（EAU）水准系统，E层也有部分水准系统管道穿过，核岛反应堆厂房筏基将D层、E层分层浇筑较为合理。

（3）如果设计可以考虑将D层永久性仪表（EAU）水准系统的标高稍作调整，同时简化钢衬里底板设计，则也可以考虑A、B、C、D四层整浇方案。

（4）新筏基施工方案与原有方案相比具有明显的优越性，仅工期将节省25d 左右。

8.2.2　优化安全壳筒壁施工方案原则和内容

对安全壳施工，亦可以参考筏基整体浇筑的成功经验，积极完善两方面的工作：一方面合理设计模板支撑体系，保证足够的侧面承载；另一方面系统规划处理好预埋件、贯穿件施工和安全壳施工的关系，保证关键路径工作得以顺利实施。

在此基础上，增加模板支设高度，进一步缩短安全壳施工分段数，也可以有效地缩短工期。经理论分析计算，新安全壳施工计划要点如下：

（1）经理论分析计算，根据现有的施工技术水平，侧面模板一次支设高度为 2.5～3m 范围内，可以保证在不涨模的同时，减少安全壳筒壁分段数目，从而节约安全壳筒壁施工周期。

（2）在阀门位置、设备阀门、吊环牛腿处，由于钢筋密集，混凝土振捣难度增大，模板支设高度不宜过高，故新计划中模板高度未做调整。

（3）新的安全壳施工分层对原有的 1～24 层进行了调整，即标高从 -0.17～45.51m 区域的安全壳筒身进行了重新分段。详见表 2.8.1。

表 2.8.1　安全壳筒身施工方案

分层编号	浇筑高度（mm）	工期（d）
1	2480	17
2	2480	11
3	1780	11
4	2480	14
5	2480	11
6	2480	14
7	2480	11
8	2480	14
9	1540	11
10	1540	10
11	2480	17

分层编号	浇筑高度（mm）	工期（d）
12	2480	11
13	2480	14
14	2310	11
15	2310	14
16	1840	17
17	1840	10
18	1610	10
19	2070	13
20	2070	10
21	2070	17
合计	45780	268

新计划明显比原有计划优势明显，合计可以节省工期23d。

8.3　新旧施工方案对比

原有施工计划中，对于筏基和安全壳筒壁混凝土浇筑施工，基本沿用了分层分段思想，A、B、C层分别分为5块，安全壳筒身中间部分为24段。筏基混凝土分块数目较多，安全壳筒身模板支设高度小，施工分段数目较多，占用工期较长。以岭澳二期施工安排为例，筏基、安全壳分段示意及进度安排如图2.8.2~图2.8.5所示。

图2.8.2为CPR1000核电大体积筏基和安全壳混凝土施工分层分段示意图，图2.8.3为筏基土建施工三级进度安排，图2.8.4、图2.8.5为安全壳土建施工三级进度安排。

从施工进度安排可以知道，按照该土建施工三级计划，从筏基A层钢筋绑扎，到C层混凝土浇筑结束，D层钢筋开始绑扎共需要用104d。依据新筏基施工计划，只需要78d，可以节省26d工期，经济效益明显。

同时，按照该土建施工三级计划，从安全壳筒体1层混凝土开始，到23层混凝土施工完毕，共需要用291d。依据新安全壳筒身施工计划，只需要268d，合计可以节省工期291 – 268 = 23（天）。

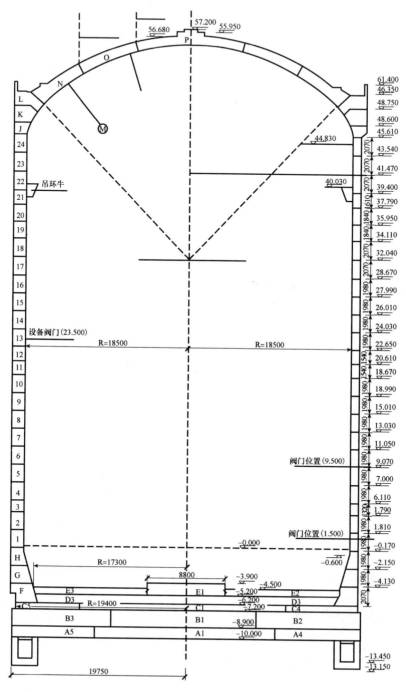

图 2.8.2　筏基和安全壳分层分段示意图

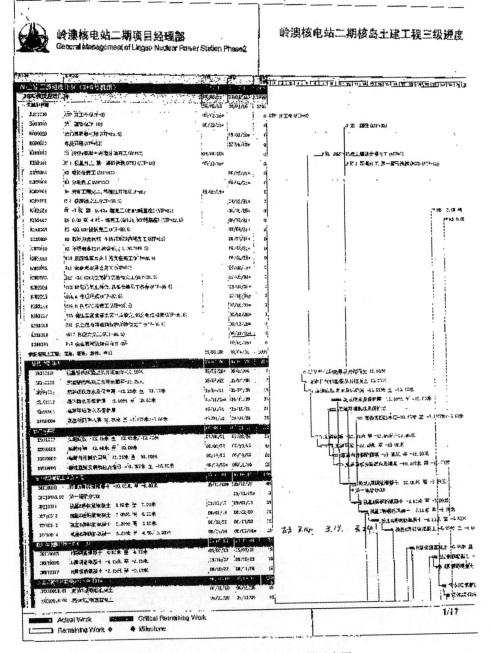

图 2.8.3　筏基施工三级进度安排示意图

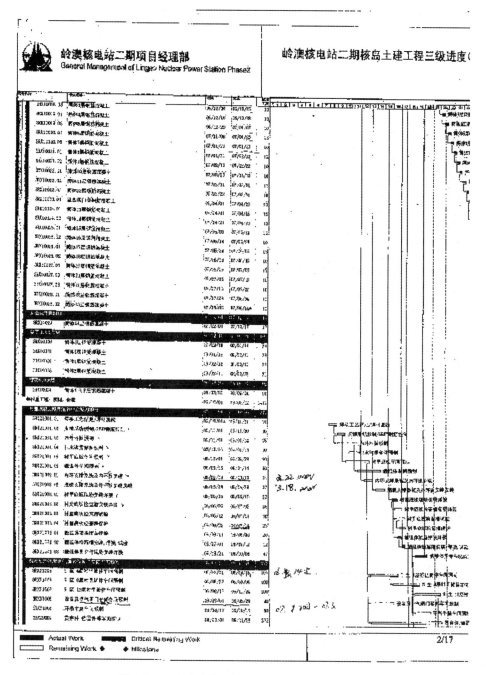

图 2.8.4　安全壳施工三级进度安排示意图 (1)

181

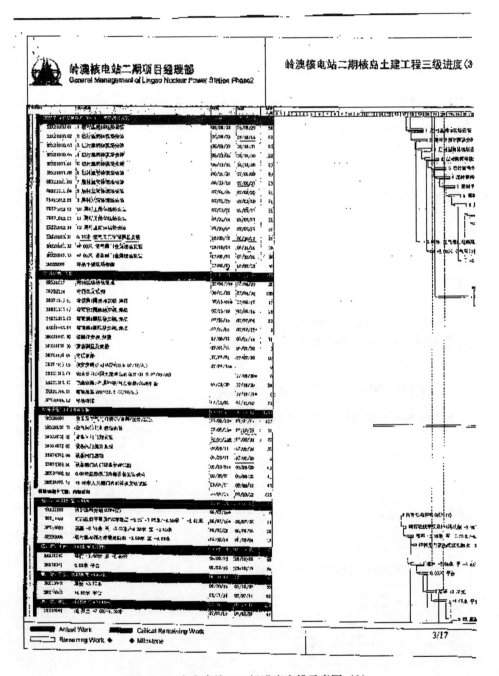

图 2.8.5　安全壳施工三级进度安排示意图（2）

第 3 篇

CPR1000 核电大体积混凝土施工技术指南

1 绪 论

为了改进 CPR1000 大体积混凝土施工工艺、节约大体积混凝土的施工工期，中广核工程有限公司和中冶建筑研究总院有限公司对 CPR1000 大体积混凝土施工技术和工艺进行研究，根据研究成果，编写了《CPR1000 核电大体积混凝土施工技术指南》（以下简称《指南》）。本《指南》可以作为施工单位施工参考文件，也可以作为业主公司检查施工的技术依据文件，并希望对设计公司优化改进设计图纸有指导和帮助意义。

CPR1000 核电筏基 A/B/C 层为半径 19.75m 的圆形基础，总厚度为 5.5m，其中 A 层厚 1.2m，B 层厚 1.8m，C 层厚 0.8m，D 层厚 0.95m，E 层厚 0.75m。安全壳筒身混凝土壁厚为 0.9m，采用预应力钢筋混凝土结构形式。

本《指南》涉及的 CPR1000 大体积混凝土，指一次施工的混凝土结构体积较大，需要采取特殊措施进行温度裂缝控制的混凝土，适应范围特指核岛反应堆厂房筏基和安全壳大体积混凝土，其余核岛和常规岛的大体积混凝土浇筑施工也可以参照此《指南》执行。

目前，多个核电站筏基施工已经广泛采用整体浇筑施工和带模养护工艺，大大节省了施工时间，降低了施工成本，而且在混凝土拆模后均未出现有害裂缝，本《指南》推荐使用整体浇筑的施工方法。

本《指南》共分为十一章，概述如下：

1. 编写概述，介绍 CPR1000 大体积混凝土概况、目的和用途；

2. 术语、符号；

3. 大体积混凝土整浇施工的必要性和可行性；

4. 混凝土材料及力学性能；

5. 施工准备；

6. 过程控制；

7. 混凝土浇筑；

8. 混凝土养护；

9. 温度应变监控与裂缝控制；

10. 质量保证与安全保证措施；

11. 设计优化建议。

2 术语、符号

2.1 术语

2.1.1 大体积混凝土（mass concrete）

混凝土结构物实体最小尺寸不小于1m的大体量混凝土，或预计会因混凝土中胶凝材料水化引起的温度变化和收缩而导致有害裂缝产生的混凝土。本《指南》涉及的 CPR1000 大体积混凝土，指一次施工的混凝土结构体积较大，需要采取特殊措施进行温度裂缝控制的混凝土，特指核岛厂房筏基和安全壳筒身大体积混凝土，其余常规岛的大体积混凝土浇筑施工也可以参照此《指南》执行。

2.1.2 温度应力（thermal stress）

混凝土的温度变形受到约束时，混凝土内部所产生的应力。

2.1.3 收缩应力（shrinkage stress）

混凝土的收缩变形受到约束时，混凝土内部所产生的应力。

2.1.4 温升峰值（peak value of rising temperature）

混凝土浇筑体内部的最高温升值。

2.1.5 内外温差（temperature difference of core and surface）

混凝土浇筑体内部中心点与表面温度的差值。

2.1.6 降温速率（descending speed of temperature）

散热条件下，混凝土浇筑体内部温度达到温升峰值后，单位时间内温度下降的值。

2.1.7 入模温度（temperature of mixture placing to mold）

混凝土拌合物浇筑入模时的温度。

2.1.8 有害裂缝（harmful crack）

影响结构安全或使用功能的裂缝。

2.1.9 贯穿性裂缝（through crack）

贯穿混凝土全截面的裂缝。

3 大体积混凝土整浇施工的必要性和可行性

3.1 必要性分析

大体积混凝土整浇施工有利于缩短建设工期、有利于文明施工、有利于保证施工质量，综合诸方面因素考虑，有必要将 RX 筏基 A、B、C 层合并为一个施工段进行整体浇筑。

3.1.1 有利于缩短建设工期

CPR1000 核电站 RX 筏基直径 39.5m，总厚 5.5m，如不采用整体浇筑工法，施工图分 5 层（A、B、C、D、E）浇筑，A 层厚 1.2m，分 5 段，需分 3 次浇筑混凝土；B 层厚 1.8m，分 5 段，亦需分 3 次浇筑；C 层厚 0.8m，分 3 段，需分 3 次浇筑；D 层厚 0.95m，分 2 段，需分 2 次浇筑；E 层厚 0.75m，分 3 段，需分 3 次浇筑。从理论和实践来看，减少混凝土施工的分层分段，就减少了总的浇筑间歇时间，如施工缝处理、养护等，故可以有效的缩短工期。

举例来说：红沿河 1RX 筏基 A 层为不分段一次浇筑，B 层为按图施工，C、D、E 层均为分层不分段浇筑；2RX 筏基 A、B 层实现了整体一次浇筑（C、D、E 层仍为分层不分段），对比三级计划有效地节约了 13d 工期（以 FCD 至 C 层混凝土浇筑完成进行对比），与 1RX 实际工期对比节约工期 12d。如 A/B/C 三层整浇，由于大部分工作在 FCD 前完成，按三级计划工期可提前至少 20d（按 D 层开始时间对比，已考虑养护期适当延长）。

由于多数核电站施工建设周期存在缩短工期的要求，而核岛反应堆厂房始终处于关键路径，如施工技术上不有所突破，则工期压缩目标将难以实现。

3.1.2 有利于文明施工

筏基整体浇筑对文明施工的有利因素归纳如下：

（1）可避免各工种（钢筋工、混凝土工、抹灰工等）在相对较小的施工范围内相互影响；

（2）可很大程度减少施工缝数量，减少施工缝处理的残浆和冲毛以及养护用水对结构钢筋以及施工环境的污染；

（3）可减少养护和清理的工作面，有利于文明施工。

3.1.3　有利于保证施工质量

从以往的实践经验看，红沿河1号机组、岭澳一期、二期RX筏基B层均与A层分开浇筑并分段，目的是降低混凝土开裂的风险，但虽然采取了一系列的措施，却均不同程度的出现了裂缝。

而红沿河2RX筏基A、B层、3RX筏基A、B、C层、4RX筏基A、B、C层，宁德核电站2RX筏基A、B层，阳江核电站1RX筏基A、B层、2RX筏基A、B、C层均采取了整体浇筑，在表面均未发现有害裂缝，说明调整筏基浇筑方式对控制裂缝有利。从理论上来说，由于RX筏基底部设计有防水层，能够起到一定的滑动层的作用，可以减少对混凝土的约束，降低开裂风险，而分层浇筑对上层混凝土的约束反而增大，增加了开裂风险，故对于C层混凝土来说，单独浇筑开裂风险大于A、B、C层整体浇筑，整体浇筑有利于保证混凝土施工质量。

3.2　可行性分析

3.2.1　温度应力分析

RX筏基混凝土强度较高，水泥含量相对较大，整体浇筑后混凝土内部温度和应力分布复杂。目前多个核电站采用有限元软件（如ANSYS有限元分析软件）进行三维仿真分析计算，对整体浇筑温度场和内力分布进行了仿真模拟计算。

计算结果表明：

（1）混凝土的受拉区域是可以控制的；

（2）混凝土的最大拉应力小于混凝土同期混凝土抗拉强度；

（3）养护期间进行温度应力监控，动态调整养护措施，是可以避免产生有害裂缝的。

以某核电站有限元分析为例，所采用的参数取值如下：

（1）混凝土表观密度：根据现场实测取值，一般在 $2379 \sim 2407 \mathrm{kg/m^3}$。

（2）混凝土强度等级为PS40，计算中选取水泥含量为 $410 \mathrm{kg/m^3}$。

（3）水泥水化热：285kJ/kg，现场平均水化热在 270kJ/kg 左右。

（4）混凝土比热：970J/（kg・℃）。

（5）混凝土导热率：2.33W/（m・℃）。

（6）岩石导热率：2.1W/（m・℃）。

（7）混凝土-岩石传热系数：12.5W/（m²・℃）。

（8）混凝土-空气传热系数：12.5W/（m²・℃）。

（9）上表面混凝土-保温层传热系数：2.6W/（m²・℃）。

（10）侧面混凝土-保温层传热系数：1.5W/（m²・℃）。

（11）混凝土入模温度：计算值取 10℃。

3.2.2　多个核电站筏基整浇已有成功经验

红沿河 2RX 筏基 A、B 层、3RX 筏基 A、B、C 层、4RX 筏基 A、B、C 层，宁德核电站 2RX 筏基 A/B 层，阳江核电站 1RX 筏基 A/B 层、2RX 筏基 A/B/C 层均采取了整体浇筑，并且表面未发现可见裂缝，并取得了节省工期降低成本的明显经济效益。如上 6 个核电站浇筑成功经验说明筏基整浇具有广泛的应用前景。

3.2.3　对 D 层混凝土浇筑的影响

核岛反应堆厂房筏基 A/B/C 层整体浇筑养护结束后内外温差可以控制在 25℃以内，然后在 C 层表面进行内环板及支撑的施工，因此施工工期较长，混凝土内部温度能够降低到与大气温度基本相同，故对 D 层温度应力及裂缝控制无不利影响。

3.2.4　混凝土浇筑能力分析

根据各核电现场施工经验总结，混凝土整浇需要混凝土设备配置和技术要求如下：

（1）3 套搅拌机组，总产量不低于 180m³/h；

（2）汽车泵、布料机 5～6 台/套；

（3）运输罐车 16 辆；

（4）冲毛机 6 台，变频振动器 5 台，振动棒 20 根。

3.2.5　其他

预应力管要提前 1 个月加工制作完成，廊道盖板就位后及时投入预应力管的套接和固定架的焊接施工。要防止固定架和筏基结构钢筋冲突及钢筋和通道等对预应力管的测量造成影响。

筏基 C 层混凝土上部要安装钢结构环板底座支架。为保证底座支架的安装就位，在浇筑 A/B/C 层混凝土前对底座支架位置进行测量定位并将加工的 1050mm×340mm 木盒子固定在结构钢筋对应位置，然后将影响底座支架就位的个别竖向钢筋适当进行弯折，以防止混凝土浇筑完毕后底座支架无法安装的情况。

钢筋绑扎可一次完成，模板支设也可一次完成，故对其他相关工序无不利影响。

筏基 C 层 -7.000m 相应位置需提前预埋集水坑管廊洞口，此洞口面积大，高度高，洞口下部混凝土高度达 3m，如按常规方法预埋，洞口下部混凝土施工时操作难度大，不易振捣。故 3RX 筏基 A/B/C 层浇筑时，集水坑洞口暂不放置，用铁丝网预留出相应洞口位置，形成二次浇筑区，待浇筑完成后，施工筏基 D 层时，再安装洞口，筏基 C 层预留的混凝土与筏基 D 层一起浇筑。

4　混凝土材料及力学性能

混凝土材料及力学性能对保证混凝土质量、预防混凝土开裂起着至关重要的作用，为此有必要对混凝土材料的力学性能进行研究，确定 CPR1000 核电大体积混凝土各组成成份的常用混合比例。

CPR1000 核电站筏基采用 PS40 强度的混凝土，其材料的配比要满足诸多因素要求，如强度、耐久性、坍落度等，而目前 CPR1000 核电站在我国南北广大地域内已经被广泛建设，各地环境温度、湿度、风力都差别很大，如红沿河 3RX 在 3 月份浇筑，入模温度 10℃，阳江 2RX 在 6 月浇筑，入模温度约 30℃，宁德 2RX 在 11 月份浇筑，入模温度约 20℃。所以各核电站不应采用单一的混凝土配合比，而应该根据各地实际情况灵活确定水泥、粉煤灰或矿粉掺合料比例等各组分比例。

4.1　原材料准备

4.1.1　水泥

所用水泥应符合现行国家标准《通用硅酸盐水泥》（GB175）的有关规定，当采用其他品种时，其性能指标必须符合国家现行有关标准的规定。

水泥进场时，应对水泥品种、强度等级、包装或散装仓号、出厂日期等进行检查，并应对其强度、安定性、凝结时间、水化热等性能指标及其他必要的性能指标进行复检。

CPR1000 核电站使用的水泥可用 42.5 级普通硅酸盐水泥，在水泥进场时由试化验室进行 Cl^- 含量快速检测及温度测定，保证 Cl^- 含量 < 0.05%，水泥的入罐温度宜不大于 60℃。其他指标由化验室对水泥样品进行检测，确保水泥的各项指标满足要求。

现场储备时，应保证 RX 筏基 A/B/C 层整浇所需的水泥宜在浇筑前 2 周储存完毕，通过一段时间的自然冷却，宜将水泥的搅拌温度控制在 35℃ 以下，通过降低水泥的搅拌温度达到降低混凝土出机温度的目的。

4.1.2 粉煤灰

粉煤灰和粒化高炉矿渣粉，其质量应符合现行国家标准《用于水泥和混凝土中的粉煤灰》（GB 1596）和《用于水泥和混凝土中的粒化高炉矿渣粉》（GB/T 18046）的有关规定。

根据技术规格书中的规定，PS40 混凝土中粉煤灰可取代水泥用量的 10%，这样可以减少水泥用量，降低水化热。

粉煤灰一般采用 I 级粉煤灰，试化验室通过对进场的粉煤灰取样检测，保证各项指标满足要求。

粉煤灰也需要提前进行储备，通过一段时间的自然冷却，尽可能控制其搅拌温度在 32℃ 以下。

4.1.3 粗细骨料

骨料的选择，应符合国家现行标准《普通混凝土用砂、石质量及检验方法标准》（JGJ 52）的有关规定。

筏基混凝土可以采用自产砂石，细骨料可采用中砂，其细度模数宜大于 2.3，含泥量不应大于 3%；粗骨料可以采用连续级配粒径为 5～31.5mm 的碎石，含泥量不应大于 1%。

混凝土出机温度的最大影响因素为骨料的温度，因此，在白天宜对粗细骨料进行覆盖遮阳，晚上环境温度比较低，可掀开覆盖物，同时对筏基所用砂进行倒仓，降低砂石中的温度和含水率。

在浇筑混凝土前要对骨料的含水率进行检测，含水率宜低于 3%，避免含水率对混凝土配合比造成影响。

4.1.4 拌合水

混凝土搅拌可以采用冷水机组生产的冷水或制冰机组生产的冰屑，冷水温度宜在 1～4℃ 范围内，用以降低混凝土的出机温度。

拌合水用量不宜大于 $190kg/m^3$。

4.1.5 外加剂

外加剂可以选用聚羧酸系列缓凝型高效减水剂，减小水灰比，改善混凝土的和易性、流动性和减少水泥用量，降低混凝土的水化温升并减小收缩变形。

外加剂进场后，应由试化验室取样进行相应的验收试验，保证其质量。

4.1.6　坍落度

所配制的混凝土拌合物，到浇筑工作面的坍落度应低于 160 ± 20mm，宜选取为 $120\pm20\sim140\pm20$mm。应严格控制混凝土坍落度在要求范围内。

4.1.7　材料温度

应严格控制混凝土入模温度不大于 30℃。在混凝土浇筑前，应进行混凝土出机温度计算，确定混凝土各原材料的拌合温度，以保证混凝土出机温度能满足使用要求。出机温度计算可以参考如下。

例如，大气的平均温度按 28℃ 进行考虑，选择拌合混凝土的骨料温度为 32℃，水泥 35℃，粉煤灰 32℃，拌合水 4℃ 等条件，则 RX 筏基 A/B/C 层 PS40 混凝土的出机温度计算见表 3.4.1：

表 3.4.1　混凝土出机温度计算

材料名称	质量（kg）	比热 $C[\mathrm{kj}/(\mathrm{kg}\cdot℃)]$	热当量 $W_c(\mathrm{kj}/℃)$	温度 $T_i(℃)$	热量 $T_i\cdot W_c(\mathrm{kj})$
水泥	375	0.84	315	35	11025
粉煤灰	55	0.84	46.2	32	1478.4
中砂	670	0.84	562.8	32	18009.6
碎石	1140	0.84	957.6	32	30643.2
砂含水量3%	20.1	4.2	84.42	32	2701.44
碎石含水量1%	11.4	4.2	47.88	32	1532.16
拌合水	131.5	4.2	552.3	4	2209.2
合计	2403		2566.2		67599
拌合温度			26.34		

4.2　配合比实例

红沿河核电 3RX 筏基浇筑时间为 2009 年 3 月 7 日，入模温度约 10℃，环境温度低且常有大风，属于我国北方地区低温干燥环境下浇筑类型；阳江核电 2RX 筏基浇筑时间为 2009 年 6 月 4 日，入模温度约 30℃，环境温度高且空气湿度大，属于我国南方地区高温潮湿环境下浇筑类型。

如上两核岛反应堆厂房浇筑环境差异较大，比较具有典型性。红沿河 3RX

筏基混凝土配合比见表 3.4.2：

表 3.4.2 红沿河 3RX 混凝土配合比主要材料

序号	材料名称	规格（mm）	产地/厂家	用量（kg）
1	中砂	0.16～5.0	晓艳砂场	706
2	碎石	5～16	仙浴湾镇石子场	443
3	碎石	16～31.5	仙浴湾镇石子场	665
4	水泥	硅酸盐水泥	抚顺	390
5	粉煤灰	Ⅰ级	大连华源	50
6	外加剂	格雷斯 ADVA160C	上海格雷斯	3.74
7	水	生产用水	东风水库	166
8	坍落度	120±20	—	—

阳江 2RX 筏基混凝土配合比见表 3.4.3：

表 3.4.3 阳江 2RX 混凝土配合比主要材料

序号	材料名称	规格（mm）	产地/厂家	用量（kg）
1	中砂	0.16～5.0	自产（华兴砂石场）	670
2	碎石	5～16	自产（华兴砂石场）	455
3	碎石	16～31.5	自产（华兴砂石场）	685
4	水泥	粤秀 P.O 42.5	广州珠江水泥	375
5	粉煤灰	Ⅰ级	珠海电厂	55
6	外加剂	JM-Ⅷ	江苏博特	4.95
7	水	饮用	东平水厂	163
8	坍落度	120±20	—	—

4.3 抗压强度

在 A/B/C 层混凝土浇筑前，土建试验室应进行混凝土抗压强度试验，用于最终确定混凝土配合比。在混凝土浇筑过程中，应制作与现场同条件养护的混凝土试块，对所配的 PS40 混凝土进行 3d、7d、14d、28d 的抗压强度试验。

4.4　抗拉强度

为了施工监测过程中能够做好对混凝土开裂的预警工作，必须明确设计配合比混凝土的实际力学性能。为此，土建试验室在 A/B/C 层混凝土浇筑前应进行混凝土抗拉强度试验的测试工作，对所配的 PS40 混凝土 1d、3d、7d、10d、14d 的抗拉强度进行测试。

另外，根据以往同配合比混凝土的弹性模量实测结果，可以拟合出混凝土的瞬时弹性模量如下：

$$E_{(t)} = E_0 \times (1 - e^{-0.09t})$$

式中　$E_{(t)}$——t 龄期混凝土瞬时弹性模量，MPa；

$\quad\quad E_0$——28d 混凝土的最终弹性模量，取 3.45×10^4 MPa；

$\quad\quad e$——常数，取 2.718。

由上述公式可分别计算出 3d、7d、10d 对应的混凝土弹性模量。

根据上述公式计算的混凝土弹性模量，结合实测龄期的混凝土抗拉强度，按照应力-应变-弹性模量的对应关系，可分别计算出混凝土不同龄期的极限拉应变。

以 RX 筏基为例，抗拉强度数据见表 3.4.4 试验结果，混凝土的瞬时弹性模量及对应极限拉应变见表 3.4.5。

表 3.4.4　混凝土抗拉强度试验结果（MPa）

龄期	1d	3d	7d	10d	14d
抗拉强度实测值（MPa）	1.9	3.4	3.7	4.0	4.5

表 3.4.5　混凝土的瞬时弹性模量及对应极限拉应变

龄期	弹性模量（MPa）	极限拉应变（$\mu\varepsilon$）
3d	8163.41	416
7d	16125.58	229
10d	20473.35	195
14d	24713.94	182

根据试验数据，绘制混凝土实测极限拉应变龄期曲线如图 3.4.1 所示，作为龄期极限抗拉应变容许限值。

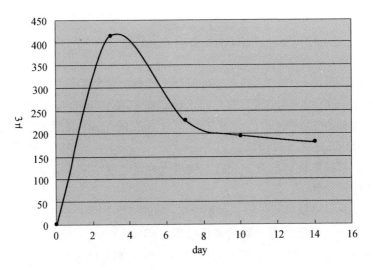

图 3.4.1　混凝土极限拉应变龄期曲线

4.5　小结

CPR1000 核电站已完成整浇的筏基水泥和粉煤灰用量、相关浇筑温度见表 3.4.6。

表 3.4.6　各核电站 RX 筏基水泥和粉煤灰用量和温度一览表

项目	水泥用量（kg/m³）	粉煤灰用量（kg/m³）	筏基厚度（m）	入模温度（℃）	最高温升（℃）	中心最高温度（℃）
红沿河 2RX	390	50	3	10	55	65.2
宁德 2RX	385	50	3	21	51.2	72.1
阳江 1RX	375	55	3	21	52	73
红沿河 3RX	390	50	3.8	10	55.3	65.9
阳江 2RX	350	55	3.8	30	51.4	80.7

从上表数据可以看出：

（1）水泥用量降低有利于降低混凝土中心最高温升。

（2）3m 以上的筏基厚度增加对于混凝土最高温升的影响并不明显。

（3）入模温度对于混凝土最高温升影响很小。

5 施工准备

5.1 项目组织管理及施工人员安排

为了保证筏基整浇施工质量，土建承包商应成立 RX 筏基 A/B/C 层整浇领导小组。各部门、施工队均指定专项负责人，保证在整个浇筑期间现场始终有各专项负责人值班。

在混凝土浇筑前各工种施工人员应提前进行安排和考虑，充分考虑准备浇筑的混凝土区域面积和持续时间所需要的施工人数，在安排上应尽可能地将工种细化，施工前明确各施工人员的施工区域和相关责任，为了避免在浇筑过程中，由于布料机随意的移动，而打扰浇筑顺序，每个布料机应设置专职指挥员。

为了防止一些应急事情的发生，一些重要岗位上的人员（如：振捣手、布料操作手）应安排备用人员。

因整体浇筑时间较长，故应按现场施工需要安排倒班人员，安排要有序，要安排管理人员进行监管；施工人员应分批进行调换，严禁一窝蜂离开施工现场，交接班时，对于需注意的事项要相互提醒。

5.2 机械设备及施工机具准备

在整浇开始前，需要确定 RX 筏基 A/B/C 层整浇所需主要机械设备及施工机具、搅拌机组、混凝土运输车。

混凝土浇筑前要对所有机械设备进行检修，确保设备全部处于良好的运行状态。

5.3 施工材料准备

在整浇开始前，需要对 RX 筏基 A/B/C 层整浇所需的施工材料进行统计制备，并落实到位。

混凝土原材料储备应在混凝土浇筑前 2 周内全部完成，并通过一段时间的储存降低水泥等的温度，通过晾晒等方法降低粗细骨料的含水率。

5.4　技术准备

在整浇开始前，应完成如下技术准备工作：

（1）制定混凝土整浇施工组织方案；

（2）优化混凝土配合比，最终制定本次浇筑所用的配合比方案；

（3）制定混凝土养护方案；

（4）对混凝土浇筑和养护期间内温度应力进行分析计算；

（5）制定混凝土整浇温度应变监控方案；

（6）制定廊道盖板支撑系统承载力验算及沉降监测方案。

6 过程控制

6.1 施工平面管理规划

在 RX 筏基周围应用脚手钢管搭设操作平台，操作平台宽度不小于 1.2m，上部满铺跳板，在平台外侧搭设若干处施工通道。具体搭设方式根据现场实际情况确定。

在竖向插筋顶部绑扎用于加固用的架立筋，在架立筋上铺设跳板，人员施工时在跳板上站立或穿行。

6.2 原材料质量控制

6.2.1 水泥

参见本篇第 4.1.1 节内容。

6.2.2 粉煤灰

参见本篇第 4.1.2 节内容。

6.2.3 粗细骨料

参见本篇第 4.1.3 节内容。

6.2.4 拌合水

参见本篇第 4.1.4 节内容。

6.2.5 外加剂

参见本篇第 4.1.5 节内容。

6.3　钢筋绑扎

由于 RX 筏基一次性钢筋绑扎工程量增加，钢筋质量增大，需要对钢筋马凳进行适当加密或重新设计，可以按 2.5m²/个进行布置，同时将原筏基底部的普通混凝土垫块用槽钢垫块代替，槽钢垫块可按照 1.5m²/个布置。

钢筋加工完成后，钢筋技术员要核对钢筋配料单和钢筋标签牌，并检查已加工好的钢筋其规格、形状、尺寸、数量是否符合配料单的规定，有无错配和漏配。

RX 筏基 A/B/C 层中心区钢筋可采用机械接头连接，环边区钢筋可采用搭接连接，要保证机械接头连接紧固，绑扎要求满绑并且要用双线绑丝。钢筋绑扎丝在使用前，采用摔打法除锈。

钢筋间距严格按照图纸上的间距，不得随意调整，保护层厚度严格按照图纸所标注的厚度进行控制。

插筋位置、锚固、数量、间距留设时应满足图纸要求，用附加钢筋保证插筋的垂直，混凝土浇筑、振捣时要安排专职的看钢筋人员，提醒混凝土操作人员注意插筋的位置，并负责对发生偏移的钢筋及时进行调整和加固。

6.4　模板支设

RX 筏基 A/B/C 层整浇，模板用量较大，可以采用自制弧形木模板。模板面板可采用 15mm 厚覆膜胶合板，衬板可用 25mm 厚木板，次龙骨可采用 65mm×180mm 木方，主龙骨可采用 80mm×220mm 木方。加工完成后，应先由班组自检模板尺寸，要求误差控制在公差允许范围内，然后由施工队相关人员复检模板的数量和质量，如发现问题应及时处理。

为防止模板的变形和人为的损坏，在模板运输和吊装过程中要注意：

（1）模板吊运至运输车辆上之前，应在车厢底板上垫好木方，模板应面板朝下放置，并保持水平；

（2）在模板由垂直状态转变为水平状态放置时，应缓慢落下，并加设临时支撑，以防止模板扭曲；

（3）模板吊运就位后应马上设置临时加固措施，防止模板倾倒损坏。

模板支设前，施工现场应先放出模板的就位线，模板表面要均匀刷一层脱模剂。模板就位后根据要求进行调整，在模板接缝处塞入海绵条，在模板的下口进行封堵，防止漏浆。模板的加固方法可采用内拉外顶的方法。

模板安装完成后，要对其垂直度、平整度、接缝、混凝土保护层以及模板加固环节等进行检查，检查合格后，方可进行后续施工。

6.5　预应力管道安装与保护

预应力廊道上方共有 144 根预应力钢套管需要安装，钢套管在预应力车间进行加工，验收合格后运至施工现场。所有运往现场的管道应在其内部适当涂刷可溶性油剂，管道安装过程中应轻拿轻放，管道位置通过角钢进行支撑固定，为保证管道位置不发生偏移，绑扎钢筋时严禁碰撞角钢支撑、严禁将钢筋绑扎在定位角钢及管道上。

竖向管道安装就位后，应扣上保护帽，以防止杂物掉入管道内。混凝土浇筑、振捣过程中要有专业的预应力施工人员在现场巡护，提醒混凝土施工人员不得直接碰击竖向管道及角钢支撑，防止其移位或损坏。

6.6　永久性仪表（EAU）安装与保护

永久性仪表到货后要入库保存，不允许仪表的元件受到挤压、弯折和与其他物碰撞等伤害。库内环境要清洁、干燥，不能与腐蚀性货物存放在一起。由仓库运至安装现场阶段，声频应变仪应装入箱内，保证仪表测试端、电缆不受外力挤压、碰撞、拖拉；安装阶段也应保证仪表不受损伤，以保证仪表的安装质量。

声频应变仪固定在一个钢筋笼保护罩内，钢筋笼保护罩应制作端正、牢固、网格间隙均匀，焊缝饱满、无夹渣、虚焊、无毛刺，钢筋笼保护罩安装位置应保证仪表安装的标高、角度符合设计要求；钢筋笼保护罩采用钢筋绑扎丝将其固定在钢筋上；钢筋笼保护罩应固定牢固、安装端正，不承受任何外力。

应变仪固定时，采用钢筋绑扎丝绑扎固定。绑扎丝应始终与仪器的长度方向成直角，钢筋绑扎丝绑扎的松紧程度应能保证：仪表固定牢固、水平或垂直度符合要求、仪表不能变形。仪表电缆采用尼龙扎带固定，其固定间距为：直线段 0.8~1.0m，拐角两端 0.3~0.5m；电缆在末端应挂标记牌，标明仪表编号。同时电缆线芯用电工胶布密封，防止线芯进水。

仪表周围及电缆敷设线路区域要做明显的标记，浇筑混凝土时，派专人监护，不允许在仪器和电缆的上方直接倾倒混凝土，要用木铲把混凝土推到它们周围，并不断地检查它们是否移位、破损。在仪器周围直径 0.5m 范围内不允许使用振捣棒振捣。

混凝土浇筑过程中，准备好测试仪器，随时检查仪表是否有损坏。若发现仪器已损坏，应立即上报，提请相应的处理措施。在混凝土完全凝固后（约为 3d 后）进行一次全面的质检测试。

6.7 橡胶止水带

RX 筏基 A/B/C 层橡胶止水带需用总量约为 133m。止水带经联合验收合格后方可运至施工现场，进入现场后，应存放在仓库内，以避免强烈的阳光直接照射、油脂污染以及锐利的器具损伤止水带。

安装时，首先根据施工图确定止水带的位置，并检查模板上止水带槽的留设是否准确。混凝土浇筑时，不允许直接对着止水带布料，振捣时，振捣棒与止水带距离至少在 100mm 以上，以避免造成止水带的错位或弯折。

止水带附近的混凝土应仔细振捣，以确保它均匀密实地包住止水带。混凝土浇筑完成后对止水带上的混凝土、油脂和其他污染物进行及时清理。

6.8 混凝土生产

在混凝土生产开始前，应对所有搅拌设备进行检查，保证其处于良好工作状态。生产期间，操作工随时对搅拌设备的操作性能以及各组分的计量器具的显示状态进行检查，在混凝土出机后，还应对每车混凝土的发货单进行检查。

试验室人员还应对混凝土的外观进行检查，确保混凝土具有良好的和易性，试验室人员还应安排专人定时对混凝土的出机温度、坍落度、入模温度等一些重要环节进行跟踪检测，并形成记录。

在混凝土生产过程中，现场工长应与搅拌站值班负责人随时保持联系，尽量保证混凝土罐车到达现场后即可供料，缩短现场等待时间。在混凝土浇筑接近结束时，通知搅拌站暂停搅拌，工长将所需混凝土量及时通知搅拌站值班调度后，搅拌站再按现场混凝土需求量准确的进行搅拌，以免造成浪费。

6.9 混凝土运输

为保证筏基混凝土的浇筑，应根据布料点的要求配备足够数量和容量的混凝土运输车，并设置备用车辆。所有搅拌车施工前进行编号，与浇筑点之间固定对应。

运输车在施工前应进行检查保养，确保其处于良好的工作状态。混凝土运输过程中，应加强现场与搅拌站的联系，缩短混凝土运输车在现场等待的时间，除试验室取样测温和做坍落度外，运输车不得在中途任意停留，按照指定的线路，尽量减少运输路程，保证混凝土运输车及时准确将混凝土运至与之相对应的泵送口，将混凝土从搅拌到浇筑之间的时间严格控制在 1.5h 之内，气温高于 30℃时应控制在 1h 之内。

首次装载或者是刚清洗完搅拌罐后应检查搅拌罐，以确保罐中无水或者无其他能够影响混凝土质量的杂物。在装料和运输过程中，搅拌罐必须以低速运转，从而保证混凝土的匀质性，做到不分层、不离析。在运输的过程中或者在现场，严禁向罐内加外加剂或者水。当混凝土不适用时，应及时通知搅拌站管理人员，工长应在混凝土发货单上注明原因并签名将混凝土退回搅拌站。

搅拌站操作工在混凝土装满混凝土运输车后将混凝土发货单交司机随混凝土运输车一并至现场，到达现场后，由工长校对无误后，签字并填写卸料时间。

7 混凝土浇筑

为避免冷缝生成，混凝土浇筑方法可以根据现场实际情况确定，推荐采用全面分层法或者分层分段斜向推移法（也称梯台法）。

对入模温度较低，混凝土初凝时间较长的浇筑环境，可以采用全面分层法。红沿河 3RX 筏基 A/B/C 层整浇采用的就是这种方法。红沿河项目使用的混凝土初凝时间在 9h 以上。虽然由于大体积混凝土升温较大可能会缩短混凝土初凝时间，但将下层混凝土被新浇混凝土覆盖控制在 4.5h 以内，根据前期多次大体积混凝土施工经验完全可以满足要求，故采用全面分层法。

对入模温度较高，混凝土初凝时间较短的浇筑环境，可以采用分层分段斜向推移法（也称梯台法）。阳江 2RX 筏基、红沿河 4RX 筏基 A/B/C 层整浇采用的就是这种方法。阳江项目试验室测定的混凝土初凝时间在 9h 以上，因现场日最高温度在 33～36℃，故现场混凝土初凝时间缩短，控制时间预计为 3h，为控制相邻两部分的接缝时间不应超过混凝土的初凝时间，故采用分层分段斜向推移法。

下面分别就这两种方法作介绍。

7.1 全面分层法

7.1.1 混凝土浇筑前准备

混凝土浇筑前必须确保基层清理干净，并测量基层表面温度，要求基层温度必须高于2℃，如不能满足要求，用热风机对基层加热。模板应进行二次检查，检查内容包括模板垂直度、接缝、拉杆紧固、脚手架固定、支撑系统等，确保模板满足受力要求、温度及应变测量探头已按要求安装到位，并做好明显标识。

混凝土浇筑前，首先根据方案设计的布料方向和浇筑方向，设置落料口，间距3m左右，用红警示带在插筋上做出明显标识。为提高混凝土浇筑速度且避免污染上层钢筋，可以在落料口位置放置事先加工好的漏斗。漏斗可以采用0.5mm厚白铁皮弯卷焊接而成，具体尺寸如图3.7.1所示。

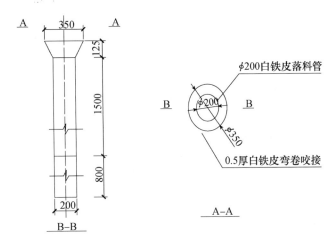

图 3.7.1　落料口漏斗设计尺寸

　　每个布料机可以分配 3 个漏斗周转使用。漏斗的 ϕ 200 的落料管总长 2300mm，分为 2 段，上部管长 1500mm，下部管长 800mm，管道之间连接要求牢固不易脱落，如有必要可设螺栓连接。当混凝土第三层浇筑完毕后，可拆除漏斗下部的落料管，以始终保证混凝土的下料高度不超过 1500mm。

　　根据抄好的标高条位置安放用于隔离冲毛水的胶合板（胶合板底标高略低于设计标高 1cm 左右），并用绑扎丝将胶合板与插筋牢固固定。

　　施工现场通道搭设完成，在钢筋骨架上按平行于混凝土的布料方向铺设跳板，跳板间净距离约 60cm 左右。

　　材料、工机具事先准备到位，电动工机具在混凝土浇筑前必须通过全面检修和试运转，现场电源线路、供水管线和照明设施安装到位，保证用电（水）通畅和足够的照明。

7.1.2　混凝土布料

　　开始布料前，首先应用 0.5～1.0m³ PS40C 混凝土润滑混凝土泵送设备，然后将润泵混凝土排放到垃圾斗中直至其排尽、正常混凝土排出时再开始布料，垃圾斗中的混凝土应及时吊出、倒掉并清洗干净。在泵入润泵混凝土时，要保证混凝土运输车也到达施工现场，随时开始泵送。

　　现场指挥人员应加强与搅拌站的联系，适当控制搅拌速度，避免出现混凝土罐车等待时间过长或坐地泵较长时间等待供料的现象，使布料能够匀速稳定地进行。

　　施工前选择合理的汽车泵站位，每台布料设备安排 1 名指挥人员，确保混凝土浇筑过程中各布料设备臂杆之间不会发生碰撞，所有布料设备就位后，根据作业半径将每台布料设备的工作区域进行划分，用胶带在插筋端部对各区域的边界进行标识。

为确保下层混凝土在初凝前被新混凝土覆盖，根据布料机的泵送能力，一般可以将筏基 A/B/C 层分为 10 层浇筑。其中第 1 层～第 9 层每层层厚 40cm，第 10 层厚度为 20cm。现场布料机和汽车泵可以按照 5～6 台设置。浇筑时应严格控制浇筑速度，避免新浇混凝土和下层混凝土之间产生冷缝。

浇筑筏基可分 5 块进行，每台布料设备负责各自的布料区域，一般来说，汽车泵比布料机的浇筑速度快，汽车泵的负责区域宜比布料机的布料区域大。

混凝土浇筑分层分区示意图如图 3.7.2 所示，布料机布置示意图如图 3.7.3 所示，布料方向示意图如图 3.7.4 所示。

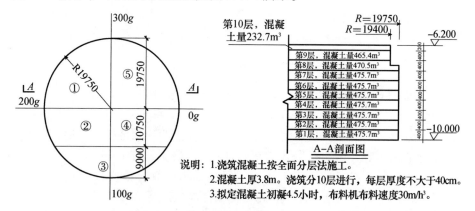

图 3.7.2　混凝土浇筑分层分区示意图

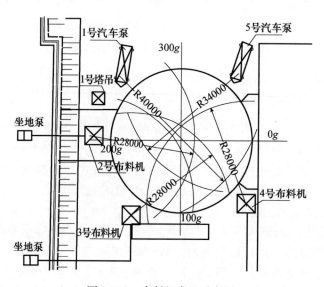

图 3.7.3　布料机布置示意图

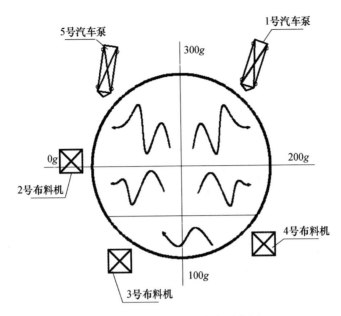

图 3.7.4　布料机浇筑方向示意图

现场布料可以参考如下方法：

布料由 $100g \sim 300g$ 中轴线向东西两方向同时布料，5 号汽车泵和 2 号、3 号布料机浇筑方向由东向西方向推进，浇筑至筏基边线后返回，4 号布料机和 1 号汽车泵浇筑方向由南向北方向推进，同样浇筑至模板端后返回。布料时，尽量确保各台布料设备同步进行，当出现由于泵送速度差异时，浇筑速度快的汽车泵应尽量增加覆盖范围，以确保布料设备前后推移时步调一致，以免在过程中出现漏振或新浇混凝土暴露时间过长的现象。

分层厚度由布料手控制，控制各段布料厚度由专人负责（技术员、质检员负责）。混凝土分层厚度控制可采用红油漆在一根约 4m 长的钢筋上按照间距 400mm 进行标识，以混凝土表面至上层钢筋的距离确认混凝土分层厚度。

混凝土在一个落料口下料完毕布料管移动时，必须用橡胶桶挂在布料管事先绑扎牢固的钢丝上，钢丝必须绑扎牢固，避免脱落。

7.1.3　混凝土振捣

混凝土振捣采用插入式振捣棒振捣，每台布料机配备一台变频式振捣器加 3 根 $\phi 60$ 振捣棒振捣，外加 1 根 $\phi 30$ 振捣棒振捣模板边沿附近混凝土及二次振捣。振捣棒插点采用行列式或交错式布置，插点间距不得大于 50cm，振捣棒使用应采取"快插慢拔"的方式，振捣上层混凝土时，振捣棒应插入下层混凝土至少

5cm，以确保上下层混凝土结合紧密，振捣时间一般宜控制在 20s 左右，一般以混凝土表面不再有明显气泡、泛浆稳定、混凝土不再明显下沉为宜。

振捣时，不得出现漏振现象，同时也不得过振，以免混凝土离析。在振捣过程中，应特别注意对成品的保护，严禁振捣棒碰击永久性仪表、预应力套管、应变及测温探头和插筋等，以防其变形或移位，振捣棒距上述物件必须保持 30cm 左右的距离。针对相邻两台布料机接槎部位应特别注意，振捣时，应超出搭接部位至少 50cm 范围，以免出现漏振现象。

混凝土振捣时，外侧振捣点距模板边 20cm 左右；大面积振捣结束后，在混凝土初凝前，沿混凝土浇筑方向在混凝土表面和沿模板边进行二次振捣，以使混凝土沉实，避免因混凝土下沉而出现的表面裂纹。

7.1.4　施工缝处理

浇筑完毕的混凝土在初凝前用木抹子将进行了整平的混凝土上表面进行抹压，以避免混凝土表面产生风干收缩裂缝和沉降裂缝。要掌握好压面时间，压得过早，不能避免因收缩产生的裂缝，压得太晚，则混凝土已凝结硬化，一般以手指能按动，感觉仍有塑性时开始压面为准。混凝土面要进行二次压面、二次振捣，混凝土浇筑完毕要注意随时观察混凝土表面情况，及时进行二次压面。

压面后，一般用手按在混凝土表面有硬感，但又能按下痕迹时可对施工缝进行冲毛。冲毛要尽量选择在中午气温较高时进行，用高压气加水冲洗混凝土表面，让混凝土表面的石子均匀外露，并将水泥浆清除。由于混凝土浇筑面积较大，浇筑持续时间较长，为使水平施工缝的冲毛水不流入正在浇筑的混凝土内，应采用有组织分区冲毛排水，即每隔 2m 左右在新浇混凝土中压入 7cm 宽的胶合板（压入混凝土中 1.0cm），将胶合板固定在插筋上；每次冲毛只冲两胶合板中间部分，并沿同一方向冲毛，坚持先浇筑先冲毛的原则，冲毛水沿此两胶合板所形成槽排出。该处冲毛后，胶合板取出并将胶合板压痕一并冲毛。

混凝土上表面标高可控制中间区域高于设计标高 2cm 左右，便于冲毛，同时抗裂钢筋网的标高也要随之变化。

开始冲毛前，必须事先拆除已经完成混凝土浇筑部位的跳板和固定插筋用的水平钢筋，人员站在混凝土表面进行，同时，根据事先设计好的各冲毛段，在其边沿对应的模板上口凿开约 30cm 宽的出水口，每段左右两侧模板上各开 2~3 个出水口，为避免冲毛水污染周边环境，事先在筏基周围距离筏基约 1m 的 −10.0m 标高垫层上砌筑一圈排水沟，排水沟高度不小于 20cm，使冲毛水有组织地排放，并利用潜水泵抽出。

冲毛时，首先采用冲毛机进行冲毛，冲毛机出水口保持与混凝土表面约 30°角，冲毛时沿 100g 和 300g 中轴向东西方向进行，为防止中心向边缘累积浮浆过多而影响冲毛效果，可从边缘向中心分段后退进行，即先对边缘进行冲毛，使浮浆厚度始终在冲毛机的压力范围内。

为避免混凝土终凝后不易取出胶合板隔断，待相邻两段冲毛完成后，取出中间隔断，以此类推，直至全部取出。

应严格控制冲毛质量，避免冲毛水以及浮浆在混凝土表面的堆积。

B 层与 C 层连接处有一个变截面（C 层内收 40cm），图纸要求 B 层 40cm 外露部位为光面处理。在冲毛时可不考虑，待养护结束拆除模板后再凿毛，用与 PS40 同配合比的水泥砂浆抹光面处理。

考虑现场可能出现的不可定因素，故提出施工缝处理应急预案。如 2009 年 3 月初混凝土浇筑完毕需冲毛时气温过低（低于 0℃），现场条件不允许冲毛，可在压面后，（一般用手按在混凝土表面有硬感，但又能按下痕迹时）用钢丝刷对施工缝进行拉毛，尽量形成一个粗糙面，待后期再进行凿毛处理。

混凝土冲毛示意图如图 3.7.5 所示。

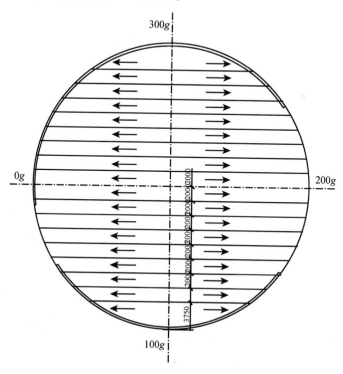

图 3.7.5　混凝土冲毛示意图

7.2 分层分段斜向推移法

7.2.1 混凝土浇筑前准备

混凝土浇筑前必须确保基层清理干净。模板已经进行了二次检查，检查内容包括模板垂直度、接缝、拉杆紧固、支撑系统等，确保模板满足受力要求，温度及应变测量探头已按要求安装到位，并做好明显标识。

混凝土浇筑前，首先根据方案设计的布料方向和浇筑方向，预留400mm×400mm下料孔，下料孔设置在每一浇筑段中间，间距2m左右，待混凝土浇筑到最后一层前恢复抗裂钢筋，覆盖下料孔，并且提前准备好足够的标高条。

按设计的分段宽度，根据抄好的标高条位置安放用于隔离冲毛水的胶合板（胶合板宽度15cm，底标高低于混凝土面设计标高3cm左右，间距2m左右，具体放置位置现场根据插筋布置情况等自行调整），并用绑扎丝将胶合板与插筋牢固固定。

坐地泵输送管用麻袋片包好，并用水喷淋，混凝土浇筑前对筏基底部和钢筋表面洒水进行湿润，降低表面温度，但要控制基层不积水，插筋端部用塑料薄膜或胶套进行包裹，防止污染插筋。

混凝土浇筑前对筏基底部和钢筋表面洒水进行湿润，并在白天对未浇筑区域的插筋顶部使用彩条布或其他材料进行遮阳，避免阳光直晒，控制钢筋和筏基底部的温度，并随着浇筑的进行逐渐掀开遮盖物，在夜间可将覆盖物全部掀掉，人员通行时要注意安全。

材料、工机具事先准备到位，电动工机具在混凝土浇筑前必须通过全面检修和试运转，现场电源线路、供水管线和照明设施安装到位，保证用电（水）通畅和足够的照明。

7.2.2 混凝土布料

开始布料前，首先应用0.5～1.0m³ PS40C混凝土润滑泵送设备，然后将润泵混凝土排放到垃圾斗中直至其排尽，正常混凝土排出时再开始布料，垃圾斗中的混凝土应及时吊出、倒掉并清洗干净。在泵入润泵混凝土时，要保证混凝土运输车到达施工现场。

现场指挥人员应加强与搅拌站的联系，适当控制搅拌速度，避免出现混凝土罐车等待时间过长或坐地泵较长时间等待供料的现象，使布料能够匀速稳定地进行。

施工前选择合理的汽车泵站位，每台布料设备安排 1 名指挥人员，确保混凝土浇筑过程中各布料设备臂杆之间不会发生碰撞，所有布料设备就位后，根据作业半径将每台布料设备的工作区域进行划分，用胶带在插筋端部对各区域的边界进行标识。

混凝土浇筑分层分区示意图如图 3.7.6 所示，布料机布置示意图如图 3.7.7所示，混凝土各阶段布料示意图如图 3.7.8 ~ 图 3.7.11 所示。

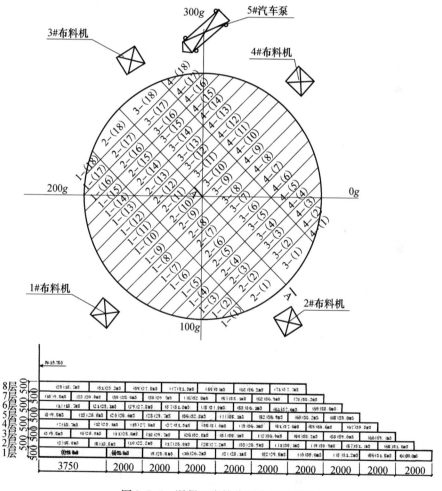

图 3.7.6 混凝土浇筑分层分段示意图

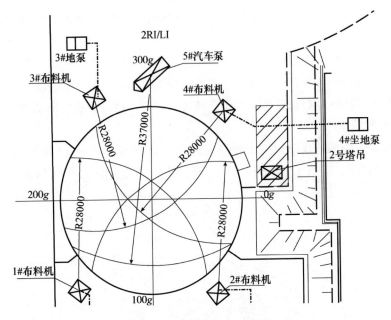

图 3.7.7　布料机布置示意图

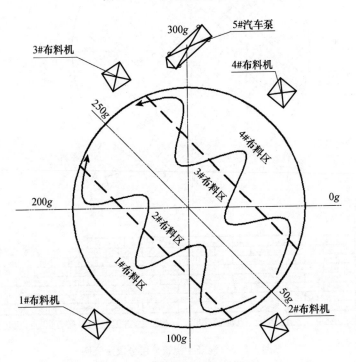

图 3.7.8　混凝土布料方向示意图

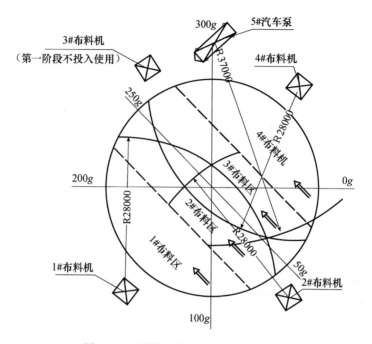

图 3.7.9　混凝土第一阶段布料示意图

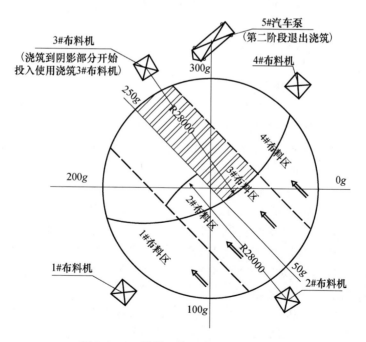

图 3.7.10　混凝土第二阶段布料示意图

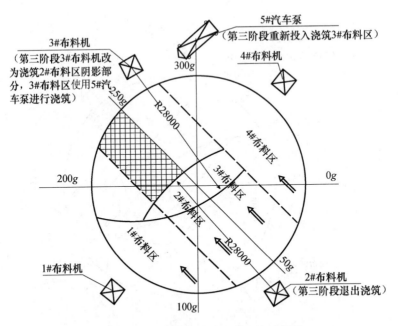

图 3.7.11　混凝土第三阶段布料示意图

为提高混凝土施工质量，现场布料可以参考如下方法：

浇筑从 $50g$ 向 $250g$ 方向推进，分为三个阶段：

（1）第一阶段 1#、2#、4#布料机和 5#汽车泵首先投入浇筑，分别负责浇筑 1#布料区、2#布料区、4#布料区和 3#布料区；

（2）第二阶段当 5#汽车泵浇筑至 3#布料机工作范围内时，5#汽车泵停止使用，3#布料机接替 5#汽车泵浇筑 3#布料区，其他布料区按照第一阶段进行浇筑；

（3）第三阶段，当 2#布料机达到最大浇筑半径后，则由 3#布料机接替 2#布料机浇筑 2#布料区，5#汽车泵重新启用再次浇筑 3#布料区，其他布料区按照第一阶段进行浇筑，直至浇筑完成。

混凝土布料与振捣方向均自下而上进行，混凝土布料时应控制布料厚度在 50cm 以内，自由倾落高度不得超过 1.5m（现场可使用 5m 的布料软管或使用串筒），注意相邻两部分的接缝时间不应超过混凝土的初凝时间。

现场工长要密切注意下层混凝土的情况，发现混凝土表面开始变硬将要初凝，及时指挥布料机对相应部位覆盖一层薄的混凝土或安排振捣手进行再次振捣，控制混凝土不出现冷缝。

为保证浇筑时能准确地进行分层分段，应在模板和钢筋相应的标高和位置处标识出分层高度和分段宽度，同时在浇筑前要加工足够的标高条，从而有效地控制每层布料的厚度，同时现场管理人员应加强对布料人员的监督，防止出现个别下料点时间过长、下料量过大的现象，将现场布料的宽度和厚度控制在标识的范围之内（夜间施工时用手把灯照亮模板内壁和布料点钢筋）。

混凝土的布料采取来回往返的方式向前推进，布料点纵横方向间距控制在2.0m 左右，每个布料点在浇筑混凝土前用红色的胶带进行标识，布料时应尽量避免混凝土直接冲向钢筋、模板和止水带、永久性仪表等，以防造成其移位、变形或损坏。

浇筑底层混凝土时，为避免混凝土直接下落到盖板上对塔架支撑造成冲击，下料口离环廊盖板距离应不少于 500mm，利用混凝土的流动性，人工把混凝土拨到盖板上。布料机软管移位时，用蛇皮袋套住出料口，口袋必须绑扎牢固，避免脱落，防止软管内混凝土浆体滴落，污染筏基插筋。布料时，尽量控制各布料设备同步向前进行，当出现由于泵送速度差异时，布料速度快的设备适当增加覆盖范围，以免在浇筑过程中分层混乱，出现漏振或新浇混凝土暴露时间过长的现象。

7.2.3　混凝土振捣

因混凝土分层的厚度较大，混凝土振捣采用插入式振捣棒进行，每台布料设备配备 5 根直径为 60mm 的振捣棒，外加 1 根直径 30mm 振捣棒用于振捣模板边缘附近的混凝土及二次振捣。

插入时要求振捣棒垂直，要作到"快插慢拔"，每点振 15～30s 左右，应以混凝土表面呈水平不再显著下沉、不再出现气泡，混凝土表面稳定泛浆，且气泡较少时为宜；振捣过程中，将振捣棒上下略为抽动，使振捣均匀；混凝土的振捣紧跟布料进行，在振捣上层混凝土时，将振捣棒插入下层混凝土内 5～10cm（在混凝土浇筑前，可在振捣棒上做刻度进行标记），以便使混凝土有效地结合；振捣棒插点应该比较规则，可采用行列或交错式，但不能混用，以免造成混乱而发生漏振。两个振点间的距离小于振捣棒振捣有效半径的 1.5 倍；振捣时，不得出现漏振现象，同时也不得过振，以免混凝土发生离析；对于筏基底部的钢筋密集区，由于与作业面的距离较远，振捣时应特别关注，确保振捣密实；针对相邻两台布料机接槎部位应特别注意，振捣手要互相配合及提醒。振捣时，要超出搭接部位至少 50cm 范围，以免出现漏振现象；振捣在晚上进行时，现场必须配备足够的照明。

在振捣过程中，振捣棒尽量避免碰击插筋，以免造成其移位，不得碰击模板、止水带、永久性仪表、预应力套管、测温探头等，避免使其移位、变形或损坏，在振捣其上部混凝土时，应记住预埋件或预应力导管的位置、标高，防止振捣棒插入过深碰到预埋件或预应力导管。振捣棒距离止水带至少 100mm，与永久性仪表的距离不少于500mm，与预应力导管、测温探头、模板的距离不少于300mm。

由于泵送混凝土的水灰比较大，在振捣过程中会有许多泌水产生，可考虑在200g一侧模板底部预先开几个槽以排除泌水，当混凝土浇筑至该部位时对槽口进行封堵，当泌水量较大时，安排6台吸尘器不停地对产生的泌水进行排除。

大面积振捣结束后，在混凝土初凝前，沿混凝土浇筑方向在混凝土表面和沿模板边进行二次振捣，以使混凝土沉实，避免因混凝土下沉而出现的表面裂纹。

为了减轻振捣手在施工过程中疲劳，每个振捣手必须配备一名辅助工进行拉线或提振捣棒，这从前期筏基浇筑经验来看是十分必要的。根据1RX筏基A/B层施工经验，由于长时间连续施工，工人较多出现厌烦情绪，会造成混凝土振捣不到位、漏振，因此现场管理人员要加强监督。

夜间施工时，应安排充足的照明，且有专业电工值班，为了便于联系还应配置对讲机。

混凝土浇筑和振捣时安排专职的看模板和看钢筋人员，看模人员要随着混凝土的浇筑同步，在混凝土振捣时，看模要密切关注此处的模板加固，时刻注意三爪螺母，发现有所松动立即拧紧及顶叉打紧，如发生涨模立即停止浇筑，待可靠加固后方可继续浇筑。看钢筋人员，应注意插筋的位置，负责对发生偏移的钢筋及时进行调整和加固。

7.2.4　施工缝处理

上表面施工缝处理质量对养护质量及对后续工作的影响至为关键，因此需严格控制。

为方便压面和冲毛人员施工，在对应部位的表层混凝土浇筑完成后，将垂直于冲毛方向的架立筋和跳板拆除。在混凝土初凝前用木抹子将已浇筑到预定标高并进行了平整的混凝土上表面进行抹压，以避免混凝土表面产生风干收缩裂缝。要掌握好压面时间，压得过早，不能避免因收缩产生的裂缝，压得太晚，则混凝土已凝结硬化，一般以手指能按动，但感觉有塑性时开始压为准。由于浇筑混凝土较厚，面层的浮浆比较厚，要注意随时观察混凝土表面情况，发现细微裂缝，要及时进行二次压面。

混凝土压面后，一般用手按在混凝土表面有硬感，但又能按下痕迹时可对施工缝进行冲毛。

冲毛前，应对冲毛所需的水管和接头进行灌水试验，对破损的水管以及接头不严密的进行修理或更换，而且要对冲毛人员进行详细的交底，使其懂得正确的冲毛时间和冲毛方法。

冲毛时人员站在混凝土表面进行，用高压气加水冲洗混凝土表面，让混凝土表面的石子均匀外露，并将水泥浆清除。由于混凝土浇筑面积较大，浇筑持续时间较长，为使水平施工的冲毛水不流入正在浇筑的混凝土内，根据预先设计好的各冲毛段采取有组织的分区冲毛，每次冲毛只冲两胶合板中间部分，并沿同一方向冲毛，坚持先浇筑先冲毛的原则，冲毛水沿两胶合板所形成的槽从两侧的筏基侧壁模板上排出。为避免混凝土终凝后不易取出胶合板隔断，待相邻两段冲毛完成后，取出中间隔断，并将胶合板压痕一并冲毛，以此类推，直至全部取出。

冲毛时，冲毛机出水口保持与混凝土表面约 30°角，为防止中心向边缘累积浮浆过多而影响冲毛效果，可从边缘向中心分段后退进行，即先对边缘进行冲毛，使浮浆厚度始终在冲毛机的压力范围内。

应严格控制冲毛质量，避免冲毛水以及浮浆在混凝土表面的堆积。

为避免冲毛水污染周边环境，事先在筏基周围距离筏基约 2m 的 - 10.0m 标高垫层上砌筑一圈排水沟，使冲毛水有组织排放，并利用水泵抽到核岛基坑外。

混凝土冲毛示意图如图 3.7.12 所示。

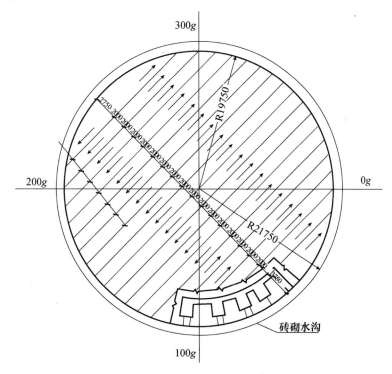

图 3.7.12　混凝土冲毛示意图

8 混凝土养护

为了更好地保证混凝土施工质量，避免有害裂缝生成，应制定有效的混凝土养护方案，并在养护过程中严格执行。一般来说，现场应搭设保温防雨养护棚、采用上表面覆盖养护和侧面带模养护方法，养护过程中根据中上温差、降温速率、最大拉应变、表面湿润状况等数据动态调整养护覆盖层厚度，及时补水等。

养护方案应包括如下内容：

（1）搭设保温防雨养护棚；

（2）混凝土上表面养护方法和覆盖层；

（3）侧模板养护方法和填塞材料；

（4）表面补水应急预案；

（5）中上温差、降温速率、最大拉应变控制要求和应急预案。

8.1 入模温度和温升

核岛反应堆厂房筏基浇筑时，混凝土入模温度不宜超过 30℃。环境温度较低时，入模温度不得低于 5℃。

8.2 搭设养护棚

在混凝土浇筑完成后应搭设一个养护棚，起保温、保湿、防风和防雨作用，该棚可以有效地防止大风、雨天等突变天气对混凝土养护的影响。另外重要的一方面：当内外温差较大时，该棚能够起到很好的保温作用。

混凝土浇筑完毕后开始搭设防雨棚的支架，支架材料为脚手钢管，支架的顶部和外侧用帆布覆盖，中部高度高出混凝土表面约 2.8m，外侧高出约 2.4m，从中间向四周排水。搭设时，先竖立杆，并采取临时加固措施，立杆搭设完成后，搭设顶部纵横水平杆，立杆和水平杆之间通过扣件连接；竖向钢管与底部插筋连接起来形成一个整体；竖向钢管顶部与横向钢管连接起来，形成一个整体；对于靠近模板边缘的钢管，在其底部和顶部均加设横向钢管并与插筋相连接。

支架搭设完成后，根据现场保温和其他需要在其顶部及侧面铺设帆布（顶部中央区域应可以随时开启闭合），帆布侧面延伸到筏基的底部，以加强对筏基侧面的保温，若遇到大风天气，应在棚子顶部用绳索横竖两个方向进行紧固，防止被风吹起。

铺设帆布时，注意搭接部位的处理，使其密封严密，提高夜间保温效果，遇到天气突变时防止雨水落入保温棚中。

保温防雨棚的搭设可以参考图 3.8.1、图 3.8.2。

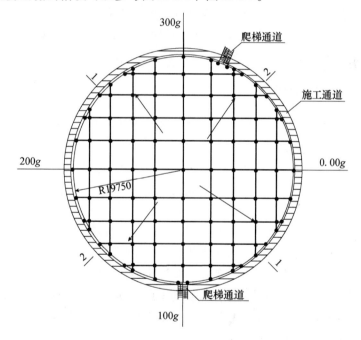

图 3.8.1　保温防雨养护棚平面图

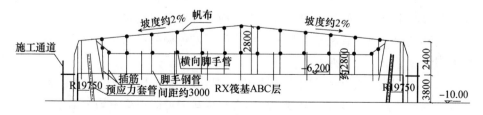

图 3.8.2　保温防雨养护棚剖面图

8.3　保温材料和覆盖

水平上表面采取覆盖养护法，侧模板采取带模养护法。

8.3.1　保温材料

上表面覆盖材料可采用麻袋片和塑料布交替覆盖，对于低温环境，也可以在顶面覆盖岩棉，以达到更好的保温效果。

侧面模板保温应在混凝土浇筑完成后开始，侧面采用麻袋片或岩棉等保温材料，注意将侧模板与龙骨间的空隙填塞紧密。

铺设时覆盖要严密，特别注意竖向插筋处，要使底层湿麻袋片尽可能贴在竖向插筋的根部。为保证保温效果，在塑料薄膜上部覆盖干的麻袋片，具体覆盖层数依据现场测温情况确定。

8.3.2　现场覆盖

混凝土表面的养护根据浇筑的先后顺序分块分段进行，在初始阶段就要进行保湿和适当的保温。

8.4　动态养护

为保证养护效果，尤其是控制有害裂缝生成，应该根据现场监控数据实时进行养护覆盖层的动态调整，其主要思路是：依据混凝土有限元计算的温度场和内力分布数据，设计出混凝土养护的降温路径，此路径应保证混凝土内部温度应力在可控范围内；同时设计覆盖层动态调整预案，通过覆盖层和环境温湿度的调整，保证混凝土降温过程可以被包络于预先设计的降温路径之中。

具体来说，就是要注意以下三点：

（1）在混凝土浇筑完成后，立即做好侧面保温和顶面保温，保证刚刚浇筑后的混凝土处于较好的隔热保温环境，使得混凝土在最初的几天里面不会受到外界环境的干扰，有利于混凝土强度进程，避免局部不均匀变形或降温过快导致表面过早出现拉应变；

（2）在混凝土养护过程中，根据内部温度场和应力分布的数据，实时动态调整养护覆盖层厚度和保温棚开启闭合，尽最大可能消除不均匀温度荷载的影响。同时密切跟踪混凝土表面含水状况做到适量补水；

（3）在混凝土养护后期，可以结合天气变化，适当长时间开启养护棚中心区域，加快中心区域散热，以达到缩短养护工期，节约成本的目的。

一般来说，混凝土养护期间内部各点温度曲线呈"先快速升高，后缓慢下降"趋势，可以划分为"升温期"和"降温期"两部分，升温期时长一般在80~120h左右，入模温度越高，水化速度越快，升温期就越短。降温期一般控制在不少于20d，具体拆模时间视混凝土和环境具体温度参数而定。

养护期间应重点控制混凝土三大参数指标：

（1）内外温差不宜大于25℃。此指标控制主要作用是避免内外温差过大导致混凝土内部拉应力增大。根据现场实测经验，在混凝土升温期温度升高很快，必须严格控制内外温差；

（2）降温速率不大于1.5℃/d。此指标控制主要作用是避免降温速率过大导致混凝土内部拉应力增大。根据现场实测经验，在混凝土降温期初期混凝土降温速率较快，必须严格控制；

（3）混凝土受拉区拉应变不大于155με。此指标控制主要作用是避免拉应力达到抗拉强度值，避免混凝土拉应力过大而出现裂缝。在整个养护期间内应重视拉应变数值，设置预警值，如接近预警值及时调整养护措施，实现动态养护。

当现场所测得的温度数据接近或达到所设置的温度警戒值，并有继续上升的趋势时，现场测温人员应及时向养护小组汇报，由养护小组安排班组对混凝土表面加强保温，采取的措施包括：

（1）迅速将防雨棚帆布覆盖好，以此来保证混凝土表面的温度，减小混凝土内外温差；

（2）若保温效果仍然不能达到要求，内外温差仍然继续加大，则在原覆盖层上部增加一层塑料薄膜，然后再增加若干层麻袋片（麻袋片的层数根据现场温度条件确定），覆盖时要保证上部麻袋片处于干燥状态，保证其保温效果；

（3）若两种措施都不能达到要求的效果，则可将棚子内部的碘钨灯打开，提高棚内的温度，从而达到控制混凝土温度的目的。

为了保证养护能落实到位，应重点做好如下养护工作：

（1）为使混凝土表面始终保持湿润，要派专人定时揭开麻袋片和塑料薄膜观察混凝土表面情况，特别要注意竖向插筋的根部，如果需要及时向混凝土表面注水，保证底部麻袋片充分湿润。

（2）为了更好地控制降温速率，缩短养护时间，当混凝土的温度趋于稳定并且降温速率持续 2 ~ 3d 偏低时，可适当地揭开防雨棚的帆布或者减少保温层的麻袋片层数进行通风，但要密切注意监测数据的变化情况，出现异常进行恢复。

（3）在混凝土养护期间，为防止由于环廊内空气流动造成环廊上部的混凝土散热过快而导致温度裂缝的出现，在养护前用麻袋片对环廊入口进行封堵，并用胶合板板将洞口盖住，用来阻止环廊内的空气对流，保证环廊内部温度。

（4）一般来说，混凝土养护不宜少于20d，并应经常检查覆盖层的完整情况，具体养护时间根据现场测温结果而定。

（5）现场拆除模板和覆盖层时要综合考虑双因素：混凝土内外温差不宜高于20℃；混凝土表面温度和环境温度的最大温差不宜高于20℃。在拆除模板和覆盖层、停止养护前应征得业主公司和工程公司代表的同意。

9 温度应变监控与裂缝控制

大体积混凝土的裂缝控制是整体浇筑的重要环节，也是整体浇筑成功与否的重要参考标准之一。为了更好地控制裂缝产生，宜结合实际情况，制定专项养护方案，并进行温度和应力应变监控，在养护期间应根据温度应力应变数据，动态地、实时地调整养护措施，保证混凝土温度缓慢有序地降低。

9.1 温度应变监控

进行温度及应变监测的目的是实时掌握混凝土典型部位的实际温度应变状态，以便把握整个混凝土的内部温度场和应力分布规律，从而及时有效地指导养护工作，有效缩小甚至消除混凝土裂缝。

基于混凝土内部温度场和应力分布的复杂性，要求必须前期进行精确的理论仿真分析，确定混凝土内力分布的控制截面、主应力方向，结合以往核电站筏基大体积混凝土浇筑监测的经验，有针对性地选择埋设测点位置和方向，从而制定行之有效的温度应变监控方案，并在整个养护期间及时有效地指导现场养护工作。

一般来说，温度应变监控方案应包括如下内容：
（1）监控指标；
（2）三维有限元整浇仿真分析；
（3）温度及应变传感器选型；
（4）监测数据采集系统；
（5）温度和应变监控测点布置；
（6）零应力点布置；
（7）监控目标和允许阈值。

9.1.1 监控指标

在现场监控过程中，应同时监控内外温差、降温速率和混凝土应变三大指标，具体控制数值宜遵循如下原则：

（1）内外温差不宜大于 25℃。

（2）降温速率不大于 1.5℃/d。

（3）受拉区混凝土拉应变不大于 155με。

9.1.2　三维有限元整浇仿真分析

选用通用有限元计算软件（如 Ansys 软件），对大体积混凝土浇筑和养护全过程的温度场和内力分布进行分析计算，确定混凝土内部应力峰值位置和时间点，从而为后期养护工作和传感器布置提供依据。

通过有限元方法分析计算结果，应得出通过增配抗裂钢筋、合理设置养护覆盖物、加强温度监控等工作，核电站 RX 筏基混凝土整浇后养护期间的受拉区可以控制的结论。

9.1.3　测温及应变传感器选型

应变传感器应采用高精度传感器，推荐使用振弦式应变传感器，且传感器能够被数据采集系统进行自动采集。应变传感器量程不应小于 ±2500με，测量误差不应大于 1με。

温度传感器应采用高精度传感器，推荐使用热敏电阻式或 Pt 电阻式温度传感器，且传感器能够被数据采集系统进行自动采集。温度传感器量程应包含 0~100℃ 区间，测量误差不应大于 0.2℃。

9.1.4　传感器的安装

测温及应变传感器的安装及保护应符合下列规定：

（1）测温及应变传感器安装位置应准确，固定牢靠并与结构钢筋绝热；

（2）测温及应变传感器的引出线应统一规划、集中布置并加以保护；安装就位的传感器及引出线应以警示带等做出明确标识，以防前期其他工种作业和混凝土浇筑施工等对其人为损坏；

（3）混凝土浇筑过程中，下料时不得直接冲击测温传感器、应变传感器以及其引出线；

（4）混凝土振捣时，振捣器不得触及测温传感器、应变传感器以及其引出线，以防损伤；

（5）所有引出线端子在施工监测期间均引入主控制室集线箱，并做好保护。

9.1.5　监测数据采集系统

采集系统由计算机和数据采集模块组成，且应具有全自动采集功能，采集过程中无需人工干预，由计算机自动采集并存储。

数据采集模块按照预先编写好的计算机程序进行顺序指令操作，其基本任务如下：

（1）采集数据，设定采集时间为 10min 一次；

（2）存储采集数据于设备内存；

（3）将所采集到的数据发往计算机。

计算机接收到数据后对其进行计算，并实时在计算机屏幕上显示，显示的方式有两种：

（1）显示数据，如应变（$\mu\varepsilon$），温度（℃）等；

（2）显示温度曲线和应变曲线。

如果现场条件有限，仅能进行人工测读，则应按照不少于"升温阶段 1h 一次、降温阶段 2h 一次"的要求安排人员进行人工测读。

9.1.6　温度监控测点布置

混凝土温度监控测点布置，应真实地反映出混凝土内部温度分布、内外温差、降温速率及环境温度，布置可以参考如下原则：

（1）监测点的布置范围应以所选混凝土浇筑体平面图对称轴线的半条轴线为测试区，在测试区内监测点按平面分层布置；

（2）在测试区内，监测点的位置与数量可根据混凝土浇筑体内温度场的分布情况及温度监控的要求确定；

（3）在每条测试轴线上，监测点不宜少于 4 处，应根据结构的几何尺寸布置；

（4）沿混凝土浇筑体厚度方向，必须布置顶面、底面和中心温度测点，在中上和中下高度宜设置温度测点；

（5）混凝土浇筑体的表面温度，宜为混凝土表面以内 50mm 处的温度，实际埋设深度亦可参考主受力钢筋保护层厚度决定。

温度监控测点布置可参考如下方案：

（1）选择沿着相隔 $100g$ 的四个半径方向 $0g$、$100g$、$200g$、$300g$ 以及四个半径方向 $50g$、$150g$、$250g$、$350g$ 布置温度传感器，前者每个半径方向选择五个点，后者每个半径方向选择外缘两个点；

（2）在混凝土厚度方向布置四层，即上、中上、中、下位置各布置一层温度测点，最外缘还应在中下位置之间加一层温度测点；

（3）为了观察大气温度变化影响、保温层实际保温效果以及张拉廊道的温度情况，应在空气中、保温层内以及廊道内各设置两个温度传感器。

温度监控测点布置可以参考图 3.9.1 布置。

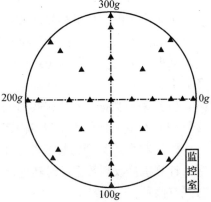

图 3.9.1　温度测点布置平面图

9.1.7　应变监控测点布置

混凝土应变监控测点布置，在真实地反映混凝土内部各点应变参数的基础上，应能真实反映混凝土内部应力场分布、控制截面上的最大主应力，布置可以参考如下原则：

（1）监测点的布置范围应以所选混凝土浇筑体平面图对称轴线的两条轴线为测试区，在测试区内监测点按平面分层布置；

（2）在测试区内，监测点的位置与数量可根据混凝土浇筑体内应力场的分布情况及应变监控的要求确定，对于周长较大的混凝土浇筑体应沿周长设置应变监控点；

（3）在每条测试轴线上，监测点不宜少于 4 处，应根据结构的几何尺寸布置；

（4）沿混凝土浇筑体厚度方向，必须布置顶面、底面和中心应变测点，适当考虑在中上和中下高度设置应变测点；

（5）混凝土浇筑体的表面应变，宜为混凝土表面以内 50mm 处的应变，实际埋设深度亦可参考主受力钢筋保护层厚度。

应变监控测点布置可参考如下方案：

（1）主要选择 200g、300g 的两个半径方向布置应变传感器；200g 半径方向选择五个点，300g 半径方向选择四个点，在混凝土厚度方向除 200g 外侧壁布置五层外，其他于上、中、下设置三层；

（2）考虑混凝土浇筑量的增大，混凝土浇筑的时间差异增加，因而在另两个半径及四个半径中间的混凝土外侧壁上增加应变测点，每个测点仅设置上中下环向应变测点；

（3）考虑到混凝土存在一定的竖向变形，因此于 200g 方向的测点除设置

环向、径向应变测点外还设置竖向应变测点;

（4）为了计算混凝土自收缩应变值，应综合考虑布置零应力测点。

应变监控测点布置可以参考图 3.9.2 布置。

9.1.8　零应力测点布置

零应力点主要用于测量混凝土在零应力状态下的自身体积变形。设置零应力测点就是为了确定混凝土的受力特点，区分出不产生应力的混凝土自由膨胀温度应变，为计算混凝土的实际应力（约束应变）提供参考数值。

零应力桶采用钢圆桶，其内径为 100mm、长度不小于 200mm，以保证零应力桶内壁和传感器之间有充分的混凝土填充握裹，桶内壁及底部敷垫以浸湿的泡沫塑料。在混凝土浇筑前，将传感器临时固定悬置于零应力桶中，桶口向上放置，在混凝土整体浇筑到该测点时人工振捣密实，保证该零应力点的混凝土与周边混凝土同材质同龄期。

零应力计的结构示意图如图 3.9.3 所示。

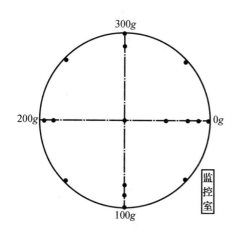

图 3.9.2　应变测点布置平面图

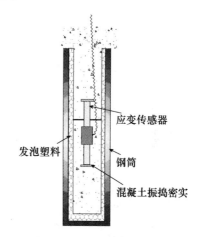

图 3.9.3　零应力测点示意图

9.2　裂缝预防措施

为保证 RX 筏基 A/B/C 层整浇的施工质量，防止有害裂缝的产生，在施工中应采取有针对性的措施，具体裂缝预防措施归纳如下:

（1）进行施工温度及应变监测，及时进行数据汇总及分析。

（2）控制混凝土入模温度。如不能保证则启动冷水机组。混凝土出机后应在尽可能短的时间内入模，如发生异常情况，间隔时间也不得超过1.5h。

（3）增设抗裂钢筋网，以提高混凝土抗裂性能。根据核电站RX现场施工的特点，由于C层上表面配筋为Φ25@400，保护层厚度50mm，不具有抗裂作用，根据以往的经验仍需增设抗裂钢筋网。

上表面抗裂钢筋钢筋网应采用Ⅱ级钢，直径不宜小于Φ14mm，布置位置与设计钢筋相对应。中心按纵横向布置，网格尺寸150mm×150mm；外围按环向和径向布置，网格尺寸150mm×300mm，保护层为15mm。

侧壁抗裂钢筋钢筋网应采用Ⅱ级钢，直径不宜小于Φ14mm，网格尺寸300mm×150mm，保护层为15mm。

防裂钢筋网放在保护层的中间，并增加垫块以控制钢筋网的正确位置；环向钢筋应设置在竖向钢筋的外侧，起到有效的抗裂作用。

抗裂钢筋中心区、环边区和侧壁的具体布置如图3.9.4～图3.9.6所示。

（4）做好与上部结构施工的衔接工作。

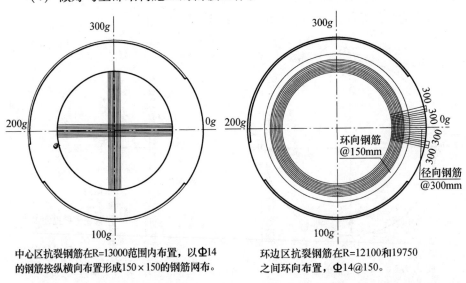

中心区抗裂钢筋在R=13000范围内布置，以Φ14的钢筋按纵横向布置形成150×150的钢筋网布。

环边区抗裂钢筋在R=12100和19750之间环向布置，Φ14@150。

图3.9.4　中心区抗裂钢筋布置图　　　　图3.9.5　环边区抗裂钢筋布置图

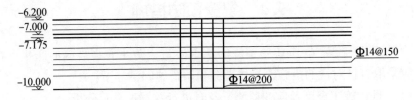

图3.9.6　侧壁抗裂钢筋布置图

10　质量保证与安全保证

10.1　组织管理措施

（1）成立以项目经理为组长的"RX 筏基 A/B/C 层整浇"领导小组，细化各相关部门和施工队在该混凝土浇筑中的工作范围和职责，对影响施工质量的因素进行全面控制，加强事前、事中、事后三大过程控制。

（2）配备经验丰富、素质高、责任心强的专职质量检查员，对施工质量进行全过程监督控制。

（3）配备具有筏基施工经验的混凝土工程相关人员（架子工、混凝土工、木工、钢筋工、放线工、抹灰工等），并对其进行专门培训。

（4）建立健全质量管理责任制，层层落实，实行奖惩制度。

（5）认真执行班组自检、施工队内检、质保部专职检查工作，保证过程质量受控。

（6）严格执行设计文件中规定的相关标准及规定。

（7）合理组织施工，考虑连续施工带来人员疲劳的因素，实行倒班制度，每位振捣手应配备至少 1 名辅助工人，确保振捣人员以充沛的精力、良好的状态完成责任范围内的工作。

（8）与搅拌站密切联系，确保混凝土的生产、运输满足现场施工需要，同时，合理安排浇筑混凝土，避免混凝土在罐车内停留时间过长或已浇筑的混凝土超过初凝时间。

（9）划分班组施工责任区，严格实行奖惩条例，以提高班组的质量意识和责任心。

10.2　技术管理措施

（1）方案编制过程中应借鉴以往核电站 RX 筏基 A/B/C 层整浇施工的成功经验；

（2）施工前针对管理层和作业层分批、分层次进行技术交底，使各级人员对施工方案、工作方法有详细的了解，将职责和工作区域全部落实到人；

（3）认真做好现场测量工作，严格控制轴线、标高、垂直度等；

（4）严格按图纸、规范等的要求认真做好施工记录，做到记录齐全完整；

（5）制定专项措施加强质量通病的防治工作；

（6）混凝土浇筑前，防雨材料及应急设备应全部到位，做好各项预防措施。

10.3　材料进场检验及试验管理措施

（1）做好材料（包括钢筋、水泥、砂石、外加剂、粉煤灰、水、模板等）进场检验，把好原材料、半成品的进场验收关，材料应具有质保书、检测试验报告等合格证明文件，相关项目必须和设计要求一致；

（2）进场材料必须依据技术规格书中相关技术要求，组织专业人员按检验和试验的相关条款进行验收，并有相关的检验报告和复检合格的报告；

（3）所有材料必须验收合格才可入库使用，领用单位出库时应索取相关证明文件。

10.4　工序交接及成品保护措施

（1）加强过程控制，做好工序的交接，上道工序向下道工序交接时，必须执行自检、互检后，经验收合格，方可移交下道工序施工；

（2）检查验收必须经专职质检员签字，并报业主现场代表确认；

（3）隐蔽工程实施隐蔽前，提前通知业主检查，合格后方可进入下道工序施工；

（4）工程施工中要加强成品保护工作，在技术交底时，要对应予以保护的成品进行描述，对特殊要求的成品有相应的保护措施；

（5）交叉作业时应加强上道工序成品的保护和其他专业施工的成品保护。

10.5　质量保证措施

（1）各分项施工前，做好班前质量教育，技术交底工作，特别要强调施工中的难点、重点、控制点，以及拟采取的控制措施；

（2）设置工序质量控制点，加强过程控制，严格控制施工中的人员、材料、设备、工艺方法和环境，将不利影响减小到最低；

（3）在施工的全过程中，坚持采用正确的质量控制方法，坚持预防为主，对关键部位，薄弱环节加大检查力度，防止质量事故发生；

（4）质检人员全过程跟踪监督，做好检验的控制工作，出现作业不规范时立即予以纠正；

（5）试验化验人员对混凝土需用原材料做好复检，混凝土浇筑中按要求做好各项试验的监测控制；

（6）健全质量管理制度，严格执行责任追究制，实行有效的奖罚措施。

10.6　分项工程施工质量控制措施

10.6.1　钢筋工程

10.6.1.1　钢筋加工制作

（1）根据钢筋图及随图所附的钢筋表、相应的模板图、预埋铁件图、混凝土分层分块图、工程进度计划、变更通知单等，对钢筋发料单进行抽检。检查使用钢筋的工程名称、部位、标高、图纸编号及所用钢筋标签的颜色与形状。

（2）对钢筋的下料应检查下料数量、长度、弯曲角度、钢筋机械接头、钢筋料牌挂设等。

10.6.1.2　钢筋绑扎就位

（1）钢筋就位前应根据模板图纸检查现场放线的正确性及预埋件的安装是否满足图纸要求。钢筋位置、搭接、保护层厚度必须满足图纸要求。

（2）预留的插筋不得任意弯曲和切割，预制网片同一断面接头率及钢筋搭接长度应满足施工图要求。

（3）按照钢筋料单抽检现场钢筋标签牌是否一致，以确保钢筋料单上的所列钢筋全部送到现场。必须核对图纸与所绑扎的钢筋是否一致。根据图纸检查钢筋的位置、钢筋的根数、间距是否满足要求。

（4）筏基钢筋，根据图纸、技术规格书及筏基分块图检查钢筋的定位放线及定位钢筋的位置、垂直度；钢筋的绑扎牢固程度；垫块数量、厚度；钢筋搭接长度及部位符合图纸要求；钢筋马凳数量和标高；连接钢筋的数量和位置；钢筋顶标高；插筋的位置、数量、长度、间距、保护层厚度、加固程度。

（5）钢筋网片安装前检查预留钢筋搭接头部分的位置、保护层、清洁程度是否满足技术要求。安装后按照图纸检查洞口位置、附加钢筋节点的绑扎情况。

10.6.2 模板工程

10.6.2.1 模板的加工制作

（1）模板在车间加工成型后，应根据加工图纸进行检查并及时挂牌予以标识，经自检，以及相关人员检查合格后，方能使用。模板的堆放应满足相关国家规范或施工方案的要求。

（2）定型大模板，应根据设计图纸对骨架的尺寸、使用材料的质保资料、焊接、镀锌以及成型的外观质量、变形进行检查。模板组装时应检查骨架间距及与木方、衬板的连接质量。

（3）普通木模板、异型模板，根据设计图纸检查模板龙骨使用材料的材质、型号、几何尺寸以及成型后的几何尺寸、角度（弧度）、连接情况、表面平整度、边直度、对角线长度等。

10.6.2.2 模板安装与拆除

（1）模板安装前应检查放线、预留孔洞模板的安装位置以及施工缝留设位置是否满足图纸要求，模板表面质量应满足要求，以及筏基根部的密封处理，是否涂刷脱模剂、基层凿毛、清理等都应满足相关要求。模板安装后应检查模板接缝、垂直度、所形成空间的几何尺寸等应满足图纸要求。

（2）筏基异型模板，应重点检查弧度、垂直度、拼缝质量、缝隙的密封、所形成的混凝土几何尺寸、是否刷脱模剂和加固情况。对有放线的应检查验证后方能支设模板。

（3）模板拆除。模板拆除按方案中的规定时间或条件满足后方可进行，QC人员应检查拆除的顺序是否满足相关规范的要求。

（4）模板拆除后及时对混凝土质量进行检查（有较大偏差或有混凝土质量缺陷的墙体，应按相关程序进行处理），孔洞处用与混凝土成分相同的砂浆填塞。拆除模板后，检查模板的损坏程度，进行清理，堆放，防止变形。

10.6.2.3 止水带施工

（1）在 -7.175m 标高处有大量的橡胶止水带，止水带在安装时要保证被模板夹紧、固定牢固；

（2）布料时，下料口不能直接对着止水带；振捣时振捣棒距止水带要有一定的距离，以防止水带变形或移位。

10.6.3　混凝土运输

（1）混凝土运输过程中，应控制混凝土运输车在现场等待的时间（除试验室取样测温和做坍落度外），尽量缩短运输时间；

（2）输送管用麻袋片包好，并用水喷淋；

（3）保证混凝土入模温度不超过 30℃。

10.6.4　混凝土浇筑

（1）混凝土浇筑前，基层应清理干净，并浇水湿润，但不得留有积水；钢筋上无水泥浆、污物、氧化皮等杂物，检查插筋的保护情况。施工缝处理、钢筋绑扎、模板支设、预埋件安装等相关工作全部经检查并合格。

（2）按照混凝土的分层分段图对浇筑过程中的分层分段进行检查，并检查混凝土施工缝的设置。严格控制混凝土的浇筑顺序，浇筑顺序为：先下层，后上层。

10.6.5　混凝土布料

（1）验证混凝土拖式坐地泵、混凝土输送管道输送能力。混凝土运到工地时应检查混凝土等级、数量、时间，出机后混凝土时间不超过 1.5h；

（2）在混凝土浇筑前，确定布料层数并做出标识，作为布料人员的控制依据；

（3）现场浇筑时，应检查浇筑的顺序，并控制相邻两部分的接缝时间不应超过混凝土的初凝时间；

（4）混凝土的布料厚度均应控制在 50cm 以内，自由倾落高度不得超过1.5m，否则应附加下料漏斗等。

10.6.6　混凝土振捣

（1）混凝土振捣采用插入式振动棒，插入时要求振捣棒垂直，要做到"快插慢拔"，振捣棒插点采用行列或交错式，两个振点间的距离应为振捣棒振捣有效半径的 1.5 倍。

（2）振捣棒不得紧靠模板振捣，且尽量避免碰撞钢筋及预埋件。对于边缘混凝土要用直径为 30mm 的小振捣棒在模板与钢筋之间进行振捣，将贴在模板上的气泡赶尽，检查泌水处理措施，并控制混凝土初凝前的二次振捣时间。

10.6.7 混凝土压面和施工缝处理

控制混凝土压面开始时间，以避免混凝土表面产生风干收缩裂缝。混凝土施工缝处理时间应在初凝后终凝前，冲洗表面后，表面无浮浆、松动的小石子、石子露出混凝土表面 5~8mm。

10.6.8 混凝土养护

检查混凝土水平表面养护情况，并监督混凝土的定时测温情况，对测温数据进行分析，严格控制混凝土内外部温差和降温速率，避免有害裂缝的产生。

10.7 安全保证措施

（1）施工前应进行施工危险源辨识及风险分析，现场应组织有针对性的安全技术交底；

（2）A/B/C 层竖向插筋高 4.8m 左右且底部没有生根，在钢筋绑扎和模板支设时要注意，防止钢筋倾覆。

（3）混凝土浇筑选择较好天气进行，但亦要做好防风防雨措施，备齐防风防雨材料，防止浇筑过程中异常天气出现。

（4）混凝土浇筑前必须对廊道盖板下支撑加固系统进行安全检查，对脚手扣件，塔架顶叉进行紧固。

（5）所有进入现场的人员必须正确佩戴安全帽、穿劳保鞋。

（6）在安装及拆除弧形大模板时，设置模板牵引绳，防止撞击插筋和施工人员。

（7）作业面上方均为插筋区，应搭设合格的操作平台和通道。临时跳板和走道应搭设牢固。

（8）混凝土布料时，布料工应抓紧橡皮管，以免摆动伤人，清洗时出料口严禁站人。拔铁皮漏斗时，要注意周边施工人员，防止伤人。

（9）廊道区域浇筑布料时，严禁将布料管口正对盖板和侧壁模板，减少布料冲击荷载，此区域布料时，应将布料点设置在内外环墙正上方，布料时，将混凝土摊铺充满廊道区域。

（10）筏基表面有许多的插筋，施工人员在其上施工时，要特别小心不要被插筋碰伤，收面人员在进行收面时，尤其要注意。

（11）在进行混凝土浇筑时，应集中注意力，防止施工时脚底踩漏造成人身伤害。

（12）在进行混凝土浇筑时，看模人员应密切注意模板的牢固情况，防止模板坍塌造成伤害。若发生模板松动现象，应立即停止混凝土浇筑，快速进行模板加固。

（13）进行布料机下料导管清理时，全体人员都要撤离浇筑区域，远离下料导管口，以防止被混凝土击中，或进入眼睛里。

（14）夜间施工应有足够的照明，临时电线必须架空隔离，非专业人员禁止随意拉接电线。

（15）施工前，检查所有的电气设备是否有良好的绝缘和漏电保护装置，设备的维修必须由专业人员进行。

（16）避免大力拖拽电缆电线，以免刮破造成触电事故。

（17）施工作业完成后，应做到工完场清，将施工过程中产生的垃圾清理到指定地点。

11   设计优化建议

设计图纸和技术规格书是大体积混凝土整浇施工的支持性文件，对施工技术起指导和监督作用。鉴于目前核岛反应堆厂房筏基整体浇筑方法已经广泛应用于各核电站，并起到了良好的作用，故综合现场实际施工情况，对设计图纸和技术规格书提出如下优化建议。

（1）鉴于目前核电站核岛反应堆厂房筏基已经广泛采用整体浇筑方法，其钢筋绑扎、模板支设等工作已经按照整浇要求重新调整，现有的施工图纸是否可以考虑将 A/B/C 三层按照整体浇筑重新优化施工图纸？

（2）目前技术规格书规定 RX 筏基混凝土配合比中水泥用量不低于 350kg，而台山核电站 EPR 的水泥用量已经调整到 240kg，技术规格书中的水泥最低用量的规定是否可以在进一步优化？

参考文献

［1］魏建国. 核电站反应堆厂房基础混凝土整体浇筑施工技术研究与实践［D］. 天津：天津大学硕士学位论文，2009.

［2］朱伯芳. 大体积混凝土温度应力与温度控制［M］，北京：中国电力出版社，2003：1-738.

［3］朱伯芳，王同生，丁宝瑛，等. 水工混凝土结构的温度应力与温度控制［M］. 北京：水利电力出版社，1976.9.

［4］水利水电科学研究院材料研究所. 大体积混凝土［M］. 北京：中国水利电力出版社，1990.1.

［5］YBJ 224—91. 块体基础大体积混凝土施工技术规程［S］.

［6］GB 50496—2009. 大体积混凝土施工规范［S］.

［7］建筑施工手册（第四版）［M］. 北京：中国建筑工业出版社.

［8］王铁梦. 工程结构裂缝控制［M］. 北京：中国建筑工业出版社，2007.

［9］李彬彬. 大体积混凝土温度应力有限元分析［D］. 西安：西安建筑科技大学硕士学位论文，2007.

［10］JASS5. 日本建筑学会标准［S］.

［11］Fundamentals of Proportioning Concrete Mixtures［S］，ACI and PCA，1989.

［12］Hydraulic Structures［S］，ACI210R-93（Reapproved 1998）.

［13］MASS CONCRETE［S］，ACI 207.1R-96.

［14］刘西军. 大体积混凝土温度场温度应力仿真分析［D］浙江：浙江大学博士学位论文，2005.

［15］张宇鑫. 大体积混凝土温度应力仿真分析与反分析［D］. 大连理工大学博士学位论文，2002.

［16］汪国权. 大体积混凝土裂缝及温度应力研究［D］. 合肥：合肥工业大学硕士学位论文，2006.

［17］杨大平. 大体积高性能混凝土温度应力控制试验研究［D］. 西安：西安建筑科技大学硕士学位论文，2006.

［18］姜袁，黄达海. 混凝土坝施工过程仿真分析若干问题探讨［J］. 武汉水利电力大学学报，2000，33（3）：64-68.

［19］朱伯芳. 混凝土的弹性模量、徐变度与应力松弛系数［J］. 水利学报，1985，（9）：54-61.

［20］Bofang Zhu，Compound layer method for stress analysis simulating construction process，Dam Engineering，1995，6（2）：157-178.

［21］Bofang Zhu，Substructure method for stress analysis of mass concrete structures communication in Applied Numerical Methods，1990，6：137-144.

［22］朱伯芳．考虑温度影响的混凝土绝热温升表达式［J］．水利发电学报，2003，81（2）：6-73.

［23］朱伯芳．考虑外界温度影响的等效热传导方程［J］．水利学报，2003（3）：49-54.

［24］Bofang Zhu，Effect of cooling by water flowing in nonmental pipes embedded in mass conerete，Journal of Construction Eng，ASCE，1999，125（1）．

［25］王建江，等．RCCD温度应力分析的非均质单元法［J］．力学与实践，1995，（3）：41-44，．

［26］陈尧隆，何劲．用三维有限元网格浮动法进行碾压混凝土重力坝进行施工期温度场和温度应力仿真分析［J］．水利学报，1998，1.

［27］赵代深，薄钟禾，等．混凝土拱坝应力分析的动态模拟方法［J］．水利学报，1994，（8）：18-26.

［28］刘宁，刘光庭．大体积混凝土结构随机温度徐变应力计算方法研究［J］．水利学报，1997，（3）：189-202.

［29］赵代深．混凝土坝浇筑块长度三维仿真敏感分析［J］．水利学报，2001，（5）：89-95.

［30］BarrettP，K，et al，Thermal structure analysis method for RCC dam，Proceeding of conference of roller concrete，Sam Diedo，California，1992.

［31］Tatre P，R，Thermal consideration for roller compacted concrete，ACI，1985，3-4，119-128.

［32］Cervera，Thermo-Chemo-Mechanical Model for Concrete，Journal of Engineering Mechanics，1999，125（9）：1018-1027.

［33］Guide to Thermal Property of Concrete，CI 122R-02.

［34］董福品，等．RCCD温度徐变应力分析［A］．北京：RCC国际会议论文集［C］，1991.

［35］许德胜．大体积混凝土水化反应温度场与温度应力场分析［D］，浙江：浙江大学硕士学位论文，2005.

［36］王润富，陈国荣．温度场和温度应力［M］．北京：科学出版社，2005.

［37］陈生健．大体积钢筋混凝土基础板温度收缩裂缝的控制研究［D］，上海：同济大学硕士学位论文，2007.

［38］李克江．大体积混凝土温度裂缝分析与工程应用［D］．天津：天津大学硕士学位论文，2009.

［39］杨和礼．原材料对基础大体积混凝土裂缝的影响与控制［D］．武汉：武汉大学博士学位论文，2004.

［40］侯景鹏．钢筋混凝土早龄期约束收缩性能研究［D］．上海：同济大学博士学位论文，2006.

［41］彭诗明．大体积混凝土结构有限单元法应用研究［D］．武汉：武汉大学硕士学位论文，2005.

［42］刘高琪. 温度场的数值模拟［M］. 重庆：重庆大学出版社，1990.

［43］S. S. 劳尔. 工程中的有限元法［M］. 北京：科学出版社，1991.

［44］孔祥谦. 有限单元法在传热学中的应用［M］. 北京：科学出版社，1998.

［45］雷柯夫 AB. 裘烈均等译，热传导理论［M］. 北京：高等教育出版社，1955.

［46］程尚模. 传热学［M］. 北京：高等教育出版社，1990.

［47］张子明，宋智通，黄海燕. 混凝土绝热温升和热传导方程的新理论［J］. 河海大学
学报（自然科学版），2002，30（3）：1-6.

［48］张忠，张涛. 有限单元法在大体积混凝土筏基温控施工中的应用［J］. 工业建筑，
2010，438（1）.

［49］陈志华，张忠，冯启磊，等. 泰安道五号院超高层结构基础大体积混凝土温度计算与
分析［A］. 第十一届全国现代结构工程学术研讨会［C］. 2011.

［50］张忠，张心斌. 大体积混凝土施工技术规范（送审稿）中有限单元法在某核电站筏
基施工裂缝控制中的应用工［J］. 业建筑，2008，38（2）：208-214.

［51］魏建国，张忠，张心斌. 核电站筏基大体积混凝土温控监测及仿真分析［J］. 工业
建筑，2008，38（1）：1033-1035.

［52］王德桂，张忠，张心斌，等. 滑动层对上部基础施工温度应力影响的有限单元分析及
应变监测研究［J］. 工业建筑，2010，438（1）.

［53］王勇，张心斌，程大业，张忠. CPR1000 核电站基础大体积混凝土温度应力特性［J］.
工业建筑，2010，438（1）.

［54］Zhong Zhang, Xinbin Zhang, Xiaodun Wang, Tao Zhang, Xiaoxu Zhang, Merge Concre-
ting and Crack Control Analysis of Mass-concrete Base Slab of Nuclear Power Plant, ICCET,
2011.

［55］张忠，张心斌. CPR1000 核电站基础多层整体浇筑可行性有限元分析［J］. 工业建
筑，2009，344（10）.

［56］张忠，李小将，张心斌等. 大体积混凝土施工养护方式及技术指标的有限单元法分析
和研究［J］. 工业建筑，2010，438（1）.

［57］Xinbin Zhang, Zhong Zhang, Jingping Wang, Xiaodun Wang, Simulation and Test Re-
search on Merge Concreting at Mass- concrete Base Slab of Nuclear Power Plant,
MACE, 2011.

［58］程大业，张心斌. 张忠动态设计养护法在核电站筏基整浇养护中的应用［J］. 工业
建筑，2010，438（1）.

［59］张心斌，Simon Chen，程大业，张忠. 大体积混凝土裂缝控制［J］. 工业建筑，
2010，438（1）.

［60］张忠，张心斌，陈信堂. 混凝土无约束监测装置研制及应用研究［J］. 安徽建筑工
业学院学报，2009.8.

［61］陈李华，张心斌，Simon Chen，程大业，张忠. CPR1000 核电站基础大体积混凝土现
场监控技术［J］. 工业建筑，2010，438（1）.

［62］顾海明，程大业，张心斌，张忠. 高温高湿环境核电站核岛筏基整体浇筑温度应变监控［J］. 工业建筑，2010，483（1）.

［63］陈李华，张心斌，程大业，张忠. 核电站基础大体积混凝土水化特性［J］. 工业建筑，2010，483（1）.

［64］黄波，程大业，张心斌，张忠. CPR1000核电站筏基混凝土连续整体浇筑温度应变监控研究［J］. 工业建筑，2009，1：1098-1100.

［65］Making and Curing Concrete Test Specimens in the Field，STM C31.

［66］The Contractors' Guide to Quality Concrete Construction，ASCC98.

［67］Standard Specification for Curing Concrete，ACI 308. 1-98.

［68］Making and Curing Concrete Test Specimens in the Laboratory，ACI and PCA，1985.

［69］Specifications for Structural Concrete，ACI 301-99.

［70］Arshad A Khan. Creep，Shrinkage，and Thermal Strains in Normal，Medium，and High-Strength Concretes During Hydration，ACI Materials Journal，1997.